4184 $\frac{222}{}$ Lea

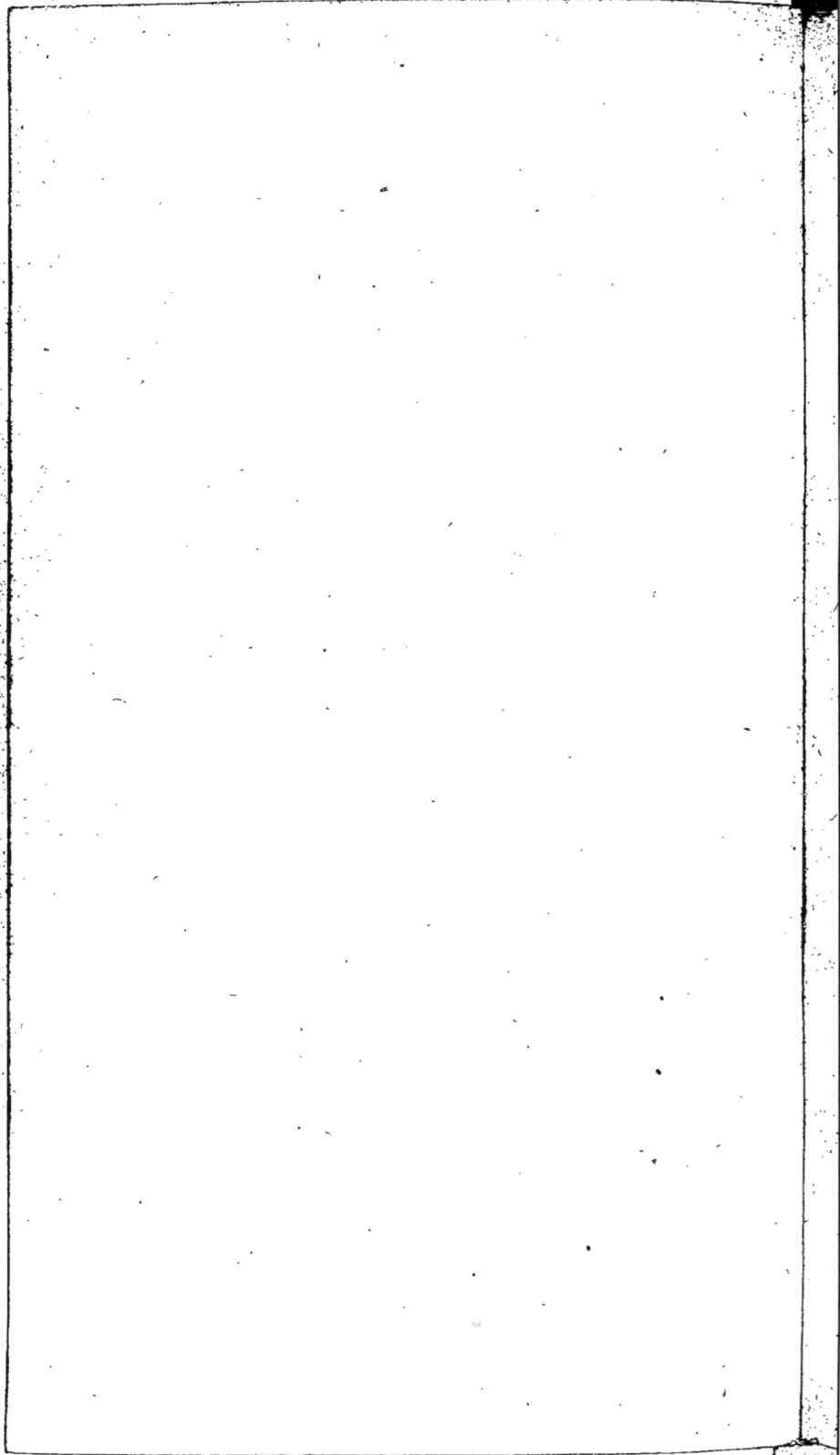

ESSAI

SUR

L'ÉLECTRICITÉ

DES CORPS.

ESSAY SUR L'ELECTRICITÉ DES CORPS. FRONTISPICE.

ESSAI

SUR

L'ÉLECTRICITÉ

DES CORPS.

*Par M. l'Abbé NOLLET, de l'Académie
Royale des Sciences, de la Société Royale de
Londres, de l'Institut de Bologne, & Maître
de Physique de Mgr. LE DAUPHIN.*

SECONDE ÉDITION.

A PARIS,

Chez les Freres GUERIN, rue Saint Jacques, à
Saint Thomas d'Acquin.

M. DCC. LXV.

Avec Approbation & Privilege du Roi.

A

MONSEIGNEUR
LE DAUPHIN.

MONSEIGNEUR,

Ce volume que j'ai l'honneur de Vous préfenter, Vous rappellera les phénomenes Electriques dont Vous avez voulu être témoin plus d'une fois, & que *Vous avez rendus*, par votre préfence , & par l'attention que vous y avez donnée , auffi célebres à Ver- failles qu'ils l'ont été depuis dans les autres Cours de l'Eu- rope : en admirant ces mer- veilles , *Vous avez* fouhaité qu'on *Vous* en apprît les cau- fes ; & *Vos* défirs, qui font des ordres pour moi , euffent été fuivis d'une prompte exécu- tion, fi mes lumieres avoient égalé mon zele.

Animé par l'honneur, & par l'idée flatteufe de pouvoir of- frir quelques nouvelles connoif- fances à un grand Prince qui aime & protege les Sciences , & qui par fes bienfaits me met

en état de les cultiver , j'ai
pris mon eſſor un peu plus haut
que je n'euſſe oſé le faire ſans
des motifs auſſi puiſſants : j'ai
médité ſur les phénomenes de
l'Electricité , & j'ai eſſayé
d'en dévoiler les cauſes.

Par cet aveu qui m'honore ,
permettez , MONSEIGNEUR ,
que j'apprenne au Public ce
qui a ſoutenu mon courage
dans une entrepriſe auſſi dé-
licate. Si je ſuis aſſez heureux
pour n'avoir pas fait de vains
efforts , & que ceux qui auront lu mon Ouvrage s'imagi-
nent pouvoir me féliciter , que
ce ſoit moins d'avoir fait une
découverte , (ſi j'en ai fait
une ,) que d'avoir plié , pour

ainſi dire , mes talents au gré
de mon cœur , & d'avoir pu
les faire ſervir à exprimer
l'obéiſſance parfaite & la reſ-
pectueuſe reconnoiſſance avec
laquelle j'ai l'honneur d'être ,

MONSEIGNEUR ,

Votre très-humble , très-
obéiſſant & très-fidele
ſerviteur ,

J. A. NOLLET.

PRÉFACE.

DEPUIS environ trente ans l'Electricité nous met fous les yeux des phéno-mènes si singuliers, qu'on ne peut les voir fans admiration, & fans défirer d'en connoître les caufes : mais autant cet objet intéreffe notre cu-riofité, autant il paroît fe déro-ber à nos recherches. Les Savants invités par des récompenfes, & plus encore par l'honneur qu'il y auroit à faire une telle découver-te, ont pris différents partis. Les uns défefpérant de leurs efforts, ou craignant de prononcer avec précipitation dans une matiere éga-

lement nouvelle & obfcure , fe
font impofé un févere filence
fur les çaufes de l'Electricité , pour
ne s'attacher qu'à la recherche de fes
loix. Les autres cédant aux invita-
tions de plufieurs Académies , &
éclairés par de nouveaux phénomenes , ont enfin hazardé leurs
opinions ; & nous avons vu paroître depuis quelques années plufieurs théories ingénieufes , qui ,
fi elles ne frappent point directement au but , nous font au moins
efpérer qu'on pourra y arriver.

Il me convenoit fans doute plus
qu'à perfonne d'imiter la fage retenue des premiers , de m'en tenir
à la fimple expofition des phénomenes rangés fous un certain ordre.
Auffi me fuis-je refufé conftam-
ment la liberté de mettre au jour
des penfées que j'ai conçues depuis
long - temps , mais qui ne me paroiffoient point encore affez folides

pour me fauver du reproche que j'ap-
préhendois qu'on ne me fît d'avoir
ofé les hazarder. Attentif fur les faits,
travaillant à les multiplier, & mé-
ditant avec foin fur toutes leurs
circonftances, j'attendois depuis plus
de dix ans qu'ils me conduififfent
eux - mêmes au principe d'où ils
partent.

J'ai cru l'entrevoir enfin, ce
principe ; & depuis plufieurs années je m'occupe à le concilier
avec l'expérience : de nouveaux
phénomenes plus admirables encore que tous ceux qui nous
avoient furpris précédemment, bien
loin de m'arrêter par des nouvelles difficultés, m'ont éclairé davantage, ont diffipé mes doutes, &
m'enhardiffent enfin à propofer le
fyftême que je me fuis fait fur cette matiere. C'eft un fyftême,
je l'avoue ; mais l'imagination en
le formant n'a fait que mettre en

œuvre ce que l'expérience lui a fourni : & j'ofe dire qu'on lui feroit tort , fi on le prenoit dans le fens abufif , pour un affemblage de poffibilités , ou de penfées dénuées de preuves.

Ce n'eft pas que je prétende avoir tout applani , ni que chacune de mes explications fe préfente avec un égal degré d'évidence : il refte encore des obfcurités & des raifons de douter pour ceux mêmes qui adopteront mes penfées ; & pour n'en point impofer aux Lecteurs , qui feroient trop favorablement prévenus pour mes décifions , j'ai eu foin de régler mes expreffions fuivant la valeur des preuves que j'ai employées , & felon la liaifon plus ou moins néceffaire que j'ai cru appercevoir entre ma théorie & les faits fur lefquels je l'ai appuyée.

Mais parce que j'aurai fenti

quelques endroits plus foibles que les autres, parce que je n'aurai eu à citer que des femi-preuves ou des indices, pour certains articles auxquels il feroit à fouhaiter qu'on pût trouver des preuves plus complettes ou plus concluantes, devois-je me condamner à un filence abfolu, & abandonner d'autres points qui me paroiſſoient fuffifamment prouvés, & capables de former le fond d'un fyſtême d'explications, pour les principaux & les plus curieux phénomenes de l'Electricité? C'eſt ce que j'ai peine à me perfuader, quoi qu'en difent pluſieurs Savants, qui prétendent qu'on doit s'interdire toute théorie, jufqu'à ce qu'on aît épuifé les faits, & qu'il ne paroiſſe plus aucune contrariété entr'eux.

Dans un fujet auffi nouveau, auffi étendu que l'Electricité, il y auroit fans doute de la témérité à croire qu'on eſt en état de rendre raiſon de tout : mais auſſi c'eſt manquer de courage que de déſeſpérer de tout , auſſi-tôt qu'on rencontre un fait que l'on a peine à ramener au même principe , auquel les autres ſe rapportent viſiblement : & cette façon d'agir eſt préjudiciable aux progrès de la Phyſique : car quand on fait des expériences il faut avoir une intention ; & quelle intention peut-on avoir quand on a pour regle de ne s'arrêter à aucun principe , & de n'avoir en vue aucune cauſe particuliere ?

Lorſque Toricelli eut trouvé dans la peſanteur de l'air la vraie cauſe des phénomenes fauſſement attribués à l'horreur du vuide , & que Paſchal & lui en eurent donné des preuves par la ſuſpenſion des liqueurs proportionnelle à leur denſité & à l'élévation des lieux au-deſſus du niː

veau de la mer, falloit-il attendre
pour publier cette découverte ,
que l'on connût tous les effets
qui dépendent du poids de l'air ,
& que toutes les difficultés qu'on
pourroit trouver à y rapporter
certains phénomenes fuſſent abſolu‐
ment applanies ? Cette cauſe ſi
naturelle & ſi palpable de l'aſcen‐
ſion de l'eau dans les pompes aſ‐
pirantes , de l'adhérence réciproque
des ſurfaces polies , &c. a‐t‐elle dû
être rejettée , lorſqu'on s'eſt ap‐
perçu que les deux marbres demeu‐
roient encore joints l'un à l'autre
dans le vuide , & que le tube de To‐
ricelli reſtoit quelquefois plein d'une
colonne de mercure , quoiqu'il
eût beaucoup plus de vingt‐huit pou‐
ces de longueur ? N'a‐t‐on pas
mieux fait d'imaginer une ſecon‐
de puiſſance qui agit conjointe‐
ment avec l'air , & qui ſuffit ſeule
dans certains cas , que de re‐

noncer à l'action de ce fluide fi bien établie & fi bien prouvée d'ailleurs ?

Si j'étois donc affez heureux pour avoir trouvé la caufe générale de l'Electricité , dans *l'effluence & l'affluence fimultanées d'une matiere très-fubtile , préfente par-tout , & capable de s'enflammer par le choc de fes propres rayons ;* & que j'euffe bien prouvé ces principes qui font la partie la plus effentielle de mes explications, on devroit me paffer de n'avoir pas éclairci ce qui peut refter d'obfcur dans cette matiere , & de n'avoir pas entrepris de ramener au même principe plufieurs faits qui peuvent être encore regardés comme douteux, ou qui dépendent peut-être de plufieurs caufes concourantes au même effet.

Au refte , mon ouvrage n'eft qu'un *Effai.* La nouveauté du fujet que je traite , les difficultés
qu'on

qu'on y rencontre ; & les bornes dans lesquelles je me suis renfermé , sont des raisons plus que suffisantes pour justifier ce titre , & pour empêcher qu'on ne le regarde comme l'expression d'une fausse modestie ; c'est , pour ainsi dire , une ébauche que je tâcherai de perfectionner , & que j'étendrai davantage , si les suffrages du Public me donnent lieu de croire qu'elle en vaut la peine : j'en ferai le sixieme volume de mes Leçons de Physique , dont le cinquieme va être mis sous Presse : (a) ainsi j'aurai le temps d'a-

____

(a) L'accueil favorable que le Public a bien voulu faire à cet *Essai*, m'a fait mettre au jour , il y a dix-huit mois , mes *Recherches su: les causes particulieres des Phénomenes Elect.* Cela n'empêchera pas que je ne reprenne cette matiere dans le 6e vol. dont je fais ici mention , pour l'ajuster à la méthode de mes Leçons. Non-seulement cela me donnera lieu de la rendre plus complette , en embrassant tout ce qui aura paru de nouveau en ce genre jusqu'alors , mais j'espere encore qu'en rassemblant sous un petit nombre de chefs , cette multitude pres-

b

maſſer de nouvelles preuves, de mé-
diter ſur les difficultés qui reſtent
à éclaircir ou qui naîtront, & de
profiter des lumieres qu'on voudra bien me communiquer, pour
redreſſer mes idées, ſi l'on me fait
appercevoir qu'elles ſont défectueu-
ſes. Car je ne me prévaudrai pas
de l'habitude où je ſuis de faire des
expériences, ni du temps que j'ai
mis à concerter mes explications,
pour m'opiniâtrer dans mon ſenti-
ment : on pourra le combattre autant qu'on le voudra ; je me ferai
toujours un devoir & un honneur
de répondre à la critique qu'on en
fera, pourvu qu'elle ſoit ſans aigreur
& ſur le ton qui convient à la vérité & aux ſciences, ou bien je con-

que infinie de faits qui accable, & faiſant voir
la liaiſon qu'ils ont entr'eux, & la ſimilitude
qui regne entre la plupart, je ferai diſparoître
une partie de ce merveilleux, qui jette dans
les eſprits une ſorte de découragement, & qui
les tient trop long-temps éloignés de la recherche & de la connoiſſance des cauſes.

viendrai de bonne foi que je me fuis trompé.

Des trois parties qui compofent cet ouvrage, la premiere m'a été demandée avec empreffement par des Profeffeurs de Province, & par d'autres perfonnes à qui une louable curiofité de connoître par elles - mêmes les phénomenes électriques, ou le deffein de tenter de nouvelles recherches, a fait fouhaiter qu'on les mît au fait des procédés, & qu'on leur indiquât les préparations néceffaires pour opérer commodément & avec fuccès. J'ai répondu pendant un certain temps par des mémoires manufcrits aux queftions qu'on me faifoit, & aux éclairciffements qu'on me prioit de donner : mais les lettres fe font multipliées à mefure que l'Electricité eft devenue plus célebre ; & ce commerce prenoit trop fur mes autres occupations : j'ai été obligé d'avoir recours à la preffe.

J'ai fupprimé dans cette inftruction tout ce qui m'a paru minutie, pour me renfermer dans le nécef-faire; je fuis prefque fûr qu'on s'en contentera, parce qu'avant l'impref-fion je l'ai envoyée à un grand nombre de perfonnes, qui n'ont pas eu befoin d'autres fecours pour fe mettre en état de répéter tou-tes les expériences connues, & pour en faire un grand nombre de nouvelles.

La feconde partie contient des queftions que je me fuis faites à moi-même à mefure que j'ai avancé dans la connoiffance des phénomenes électriques. Bien réfolu de ne rien décider que fur la foi de l'expé-rience, j'ai raffemblé fur chaque queftion les faits qui m'ont paru les plus propres à la décider: fi j'ai pro-noncé en conféquence des réfultats, j'ai laiffé fous les yeux du Lecteur les pieces fur lefquelles j'ai fondé mes jugements ; il en pourra faire la révifion , & juger à fon tour du parti que j'ai pris fur chaque queftion.

On ne doit donc pas s'attendre de trouver ici une narration complette de tous les faits qui concernent l'Electricité ; mais feulement un choix des phénomenes les plus confidérables , les plus certains , & qui ont paru les plus propres à jetter du jour fur les queftions propofées ; les autres ont été renvoyés à la troifieme partie , ou jugés inutiles relativement au deffein de cet Ouvrage. Mais on peut être bien affuré que de tous ceux que j'ai cités , il n'en eft aucun que je n'aie vu & répété moi-même plufieurs fois , & que je n'aie manié de toutes les façons que j'ai pu imaginer , avant que de le mettre au rang des faits que je regarde comme conftants.

Quant à la troifieme Partie , c'eft un extrait de deux Mémoires que j'ai lus à l'Académie , l'un à notre affemblée publique du mois d'avril 1745 , & l'autre à celle d'après Pâques 1746. (*a*) Comme il n'eft guere poffible que par une fimple lecture qu'on entend , on fe mette bien au fait d'un fyftême d'explications, fondé fur des faits plus propres à fe faire admirer qu'à laiffer appercevoir la liaifon qu'ils peuvent avoir l'un avec l'autre , la plupart de ceux qui m'ont fait l'honneur de m'é-couter m'ont condamné ou m'ont applaudi fans m'entendre. J'ai vu paroître avec éloge des extraits de mes Differtations , où je n'ai pas reconnu mes véritables penfées ; & j'ai entendu critiquer auffi des opinions qu'on m'attribuoit & qui n'étoient point

(a) Ces deux Mémoires font préfentement imprimés dans les vol. de l'Académie des Sc. 1745 & 1746.

les miennes. C'eſt donc pour être jugé avec connoiſſance que je me ſuis déterminé à publier moi-même ce que je penſe ſur les cauſes de l'Electricité : ceux qui trouveront mes explications plauſibles, pourront les étendre à un grand nombre de faits ; je me ſuis borné aux plus impor-tants, &, ſi je ne me trompe, aux plus difficiles.

AVIS AU RELIEUR.

Les Planches doivent être placées de maniere qu'en s'ouvrant elles puiſſent ſortir entiérement du livre, & ſe voir à droite, dans l'ordre qui ſuit.

ESSAI

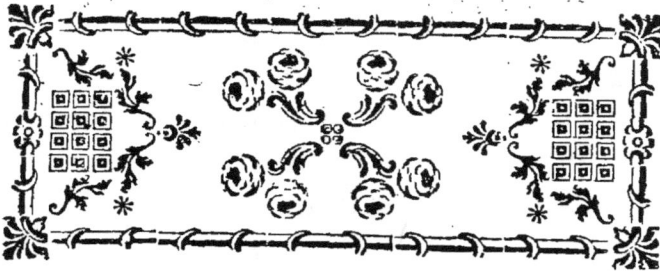

ESSAI

SUR
L'ÉLECTRICITÉ
DES CORPS.

E mot Français *Electricité* vient du Latin *Electrum*, ou plutôt du Grec ἤλεκτρον, qui fignifie de l'ambre. On nomme ainfi l'action d'un Corps que l'on a mis en état d'attirer à lui ou de repouffer, comme on le voit faire à l'ambre, des petites pailles, des plumes, ou d'autres corps légers qu'on lui préfente à une certaine diftance.

Définitions.

L'Electricité fe manifefte principalement de deux manieres : 1° Par des mouvements alternatifs, auxquels on a donné les noms *d'attractions* &

Signes d'Electricité.

A

de *répulfions* ; 2° Par une efpece d'inflammation qui prend différentes
formes , & qui a différents effets, fuivant les circonftances. Ces deux fignes ne vont pas toujours enfemble :
le premier s'apperçoit plus communément que l'autre , le dernier annonce
prefque toujours une forte Electricité.

Deux
fortes de
manie es
d'électri-
fer.
Il y a deux manieres connues d'é-
lectrifer les Corps : 1° En les frottant avec la main , avec une étoffe ,
ou avec un papier gris , &c. 2° En
approchant fort près d'eux , ou en
leur faifant toucher légérement un
Corps qui foit récemment électrifé.

Mais comme l'une & l'autre maniere d'électrifer exigent quelque appareil , & certaines pratiques fans
lefquelles on ne peut réuffir , il eft à
propos de dire ici quels font les
inftruments dont on doit fe munir ,
& comment on doit s'en fervir pour
répéter avec fuccès les Expériences
dont nous ferons mention ci-après.

PREMIERE PARTIE.

INSTRUCTION

Touchant les instruments propres aux Expériences de l'Electricité, & la maniere de s'en servir.

LA plupart des choses dont on a besoin pour répéter les expériences de ce genre qui sont connues, ou dont je ferai mention dans cet Ouvrage, sont si communes & si faciles à trouver en tout temps & en tout lieu, qu'il seroit superflu d'en faire ici l'énumération : le seul récit des opérations dans lesquelles elles entrent, suffira le plus souvent pour apprendre tout ce qu'il en faut savoir ; & quand il y aura un mot à dire sur le choix, ou sur l'emploi qu'on en doit faire, une note qui accompagnera le texte, satisfera à tout. Je me bornerai donc ici aux

A 2

articles les plus importants, & fur lefquels il eft néceffaire d'être inftruit pour opérer ou avec plus de fûreté, ou avec plus de facilité.

Depuis qu'on a reconnu que l'Electricité du verre eft plus forte que celle de tout autre Corps, on n'a plus employé qu'un tube ou un globe de cette matiere pour électrifer. Ce fut Hauxbée, Phyficien Anglois, qui mit l'un & l'autre en ufage il y a environ quarante ans.

Du tube & de fes qualités. Le tube doit avoir à peu près trois pieds de longueur, un pouce ou 15 lignes de diametre & une bonne ligne d'épaiffeur : ces dimenfions font les meilleures ; mais quoiqu'elles foient différentes, elles n'empêchent pas que le tube ne devienne électrique ; elles n'influent que fur le plus ou le moins : un cylindre de verre folide, ou une bande de glace fort épaiffe s'électrife affez fortement. Il eft commode que le tube foit bien cylindrique & bien droit, parce qu'il fe frotte avec plus de facilité.

Il eft affez indifférent qu'il foit ouvert ou fermé par fes extrêmités : mais il faut que l'air du dedans foit

à peu près dans le même état que celui du dehors ; c'eſt pourquoi je trouve à propos qu'il ſoit ouvert au
moins par un bout : mais je conſeille
de tenir cette ouverture ordinairement bouchée avec du liege ou autrement , afin que le tube ne ſe ſa-
liſſe point par-dedans , car la mal-
propreté , & ſur-tout l'humidité , nuit
beaucoup à ſes effets : on s'abſtiendra
donc ſur toute choſe de ſouffler dedans
avec la bouche.

S'il eſt néceſſaire de le nettoyer
ou ſécher par-dedans , on y fera
couler un peu de ſablon bien ſec ,
& après l'y avoir ſecoué quelque
temps , on le fera ſortir , & l'on fera
gliſſer d'un bout à l'autre du tube ,
& à pluſieurs fois , du coton cardé , que l'on pouſſera avec une baguette.

Les tubes de ce verre blanc & tendre qu'on nomme cryſtal , ſont communément meilleurs que d'autres ,
pour les expériences électriques ; le
verre d'Angleterre & celui de Bohê-
me ſont excellents.

Cependant le verre le plus groſ-
ſier , celui dont on fait des bouteil-

A 3

les pour mettre le vin, devient aussi fort électrique : nos verres blancs communs ne réussissent pas si bien. J'ai fait teindre de ce dernier verre en bleu avec le saffre, & j'en ai fait faire des tuyaux qui sont fort électriques ; mais je n'oserois dire si j'en suis redevable à la couleur ou à la qualité du verre ; car j'en ai fait faire une autre fois de semblables à la même Verrerie, dont je n'ai pas été aussi content que des premiers.

Mane re d'él ctri- fer le tu- be. Quand on veut électrifer le tube de verre, un bâton de soufre ou de cire d'Espagne, &c. il faut le tenir d'une main par un bout, & l'empoigner avec l'autre main pour le frotter à plusieurs reprises, selon sa longueur, jusqu'à ce qu'il donne des marques d'Electricité.

Il faut frotter ainsi le tube avec la main nue, si elle est bien seche ; mais si elle est humide par la transpiration, il faut mettre entre le verre & elle une feuille de papier gris que l'on aura fait sécher au feu.

Ce n'est point en serrant bien fort le verre qu'on réussit le mieux ; il suffit de frotter légérement, mais un

peu vîte, & ferrant un peu plus lorfque la main defcend, que quand on
la releve.

Quand le Corps que l'on aura
à effayer, ne fera pas d'une figure à
pouvoir être frotté, comme un tube
ou un bâton de cire d'Efpagne, on
le tiendra d'une main, & on le frot-
tera avec la paume de l'autre main
nue, ou revêtue de papier gris, ou
d'une étoffe de laine. C'eft ainfi qu'on
en doit ufer à l'égard d'un morceau
d'ambre, de gomme copal, ou avec
un diamant ou autre pierre de petit
volume.

Il y a bien des efpeces de matieres
que le frottement a peine à électrifer ;
un moyen fûr de déterminer cette
vertu à fe manifefter, c'eft de les
chauffer plus ou moins fortement,
felon qu'elles font de nature à le
fouffrir fans s'amollir ou s'altérer.

Par un temps fec & froid, & lorfqu'il regne un vent de Nord, le verre s'électrife ordinairement beaucoup mieux que lorfqu'il fait chaud &
humide.

Quoiqu'on fît ufage depuis long-
temps des globes de verre, ou de

Subftitu-
tion du

A 4

soufre , pour certaines expériences d'Electricité, & que la maniere de les faire tourner pour les frotter plus commodément , ait été publiée & pratiquée en certains cas, il y a très-long-temps , on n'employoit cependant presque jamais que le tube, pour communiquer l'Electricité aux autres Corps , ou pour éprouver les autres effets de cette vertu : mais on se fatigue beaucoup à frotter un tube ; & quelque ardeur que l'on ait pour les expériences & pour les découvertes , il est difficile de soutenir long-temps cet exercice. Il y a environ dix ans que M. Boze , Professeur de Physique à Wittemberg, essaya de substituer au tube un globe de verre que l'on fait tourner sur son axe, & que l'on frotte bien plus commodément , en y tenant seulement les mains appliquées : en généralisant ainsi cette façon d'électriser le verre, qu'on avoit bornée jusqu'alors à quelques usages particuliers, cet habile Physicien a trouvé & pour lui & pour ceux qui l'ont imité depuis , un moyen sûr, non-seulement d'opérer avec facilité, mais encore de pousser les effets beaucoup au-delà de ce qu'on avoit pu faire avec le tube.

Ce que j'ai dit ci-dessus touchant la qualité du verre dont on fait les tubes, doit s'entendre aussi de celui qui servira à former des globes : le crystal vaut mieux que le verre blanc commun ; mais le verre à bouteille qui est doux, & bien affiné, réussit parfaitement.

Quali-tés & di-mensions du globe de verre.

Il arrive souvent que les globes de verre dont on commence à faire usage, sont très-difficiles à électrifer ; mais c'est un fait constant qu'ils se façonnent à force d'être frottés ; j'en ai vu plusieurs qui ne donnoient d'abord presque aucun signe d'Electricité, & qui sont devenus excellents par la suite : cette singularité se remarque principalement à l'égard de notre verre blanc des petites Verreries ; c'est-à-dire, de celui qui est le plus commun.

Quant aux dimensions des globes, ils sont d'une bonne grandeur quand ils ont environ un pied de diametre : il vaudroit mieux qu'ils eussent quelques pouces au-dessus que quelques pouces au-dessous de cette mefure ; mais je ne crois pas qu'il fût fort avantageux de les avoir beaucoup plus gros.

Une chofe qui eft bien plus effentielle, c'eft une certaine épaiffeur, comme d'une ligne & demie au moins, & autant uniforme qu'il eft poffible : outre que cette condition met le vaiffeau en état de réfifter davantage à la preffion de celui qui le frotte, il n'eft pas douteux (& je m'en fuis affuré par des obfervations bien conftantes) que l'Electricité d'un verre épais eft fenfiblement plus forte & plus durable que celle d'un verre plus mince.

La figure fphérique n'eft point abfolument néceffaire ; elle n'eft pas même préférable à une autre forme, finon peut - être parce qu'on la fait aifément prendre au verre en le foufflant ; il eft également bon que ce foit un fphéroïde allongé ou applati, pourvu que la partie la plus élevée que l'on frotte, foit affez réguliérement arrondie pour faciliter le frottement ; il eft même d'ufage dans prefque toute l'Allemagne, & dans l'Italie, où l'on fait préfentement ces fortes d'expériences avec fuccès, d'employer des vaiffeaux cylindriques.

Le globe que l'on veut électrifer, doit tourner entre deux pointes de fer ou d'acier, comme les ouvrages qui fe font au tour; pour cet effet il faut qu'à l'un de fes deux poles il ait une poulie de bois, dont la gorge puiffe recevoir la corde d'une roue à peu près femblable à celle des Cordiers, ou à celle des Couteliers; & qu'à l'autre pole il foit garni d'un morceau de bois propre à recevoir la pointe du tour.

Il feroit plus fûr & plus avantageux que le globe eût fes deux poles ouverts en forme de goulots, ou qu'au moins en ayant indifpenfablement un de la forte, par la façon dont on a coutume de le former, il eût à l'autre une petite maffe de verre pour recevoir un morceau de bois creufé qu'on y attacheroit; mais quoique ce ne foit qu'une bagatelle, l'expérience de quinze années m'a fait connoître qu'on a de la peine à tirer de telles pieces bien faites des Verreries, où l'on ne peut

(marginal note:) Maniere dont le globe doit être garni pour tourner.

se faire entendre que par des modeles qu'on envoie, & où les Ouvriers routinés à une sorte d'ouvrage, ne peuvent ou ne veulent pas s'appliquer à ces essais, qui ne leur présentent qu'un intérêt léger & passager.

Ainsi pour éviter ces difficultés, & pour s'accommoder des choses qui sont de pratique ordinaire, on peut prendre tout simplement un ballon, de ceux qui servent de récipient dans les laboratoires de Chymie, en choisissant le plus épais : & on le garnira de la maniere qui suit, après en avoir coupé le col, de telle sorte qu'il n'ait plus que trois ou quatre pouces de longueur.

Ayez une poulie A, fig. 1, de 4 à 5 pouces de diametre, qui tienne à un morceau de bois creusé pour recevoir le col du ballon B, auquel vous le fixerez avec un mastic fait de poix noire, mêlée avec un peu de cire, & de la cendre tamisée.

Il est bon qu'au centre de la poulie il y ait un trou qui communique avec l'intérieur du ballon, & qui se ferme avec un bouchon à vis C, de bois dur ou de buis, dans le centre duquel entrera la pointe du tour ; & afin qu'il y ait toujours communication libre entre l'airdu vaiſſeau & celui du dehors, il faut pratiquer deux ou trois trous obliques dans ce bouchon.

La poulie étant ainſi fixée au ballon, il faut avoir une eſpece de calotte de bois *D*, qui ait environ quatre pouces de diametre, & dont la partie concave ſoit propre à s'appliquer aſſez juſtement au pole du globe oppoſé à la poulie ; il eſt à propos auſſi que cette piece ait un centre de bois dur, pour recevoir l'autre pointe du tour. Alors vous chaufferez la partie concave de cette piece de bois, & la partie du globe où elle doit s'appliquer ; vous enduirez l'une & l'autre de maſtic fondu (*a*), & auſſi-tôt après les avoir joint, vous placerez le tout entre les deux pointes d'un tour, & le faiſant tourner avec la main, à l'aide d'un ſup-

(*a*) Il ne faut pas qu'entre cette piece & le verre il reſte une grande épaiſſeur de maſtic ; car comme ces deux matieres (le maſtic & le verre) en ſe refroidiſſant ne diminuent pas également de volume, il ſe fait une eſpece de tiraillement qui fait ſouvent caſſer le globe.

port que vous préfenterez vers l'équateur du globe, vous ferez obéir le maftic, encore chaud, jufqu'à ce que tout foit bien centré, & vous l'entretiendrez en cet état jufqu'à ce qu'il y foit bien fixé par le parfait refroidiffement du maftic.

Machines pour faire tourner le globe. Ce globe ainfi préparé doit tourner rapidement fur fon axe, entre deux pointes ; il importe peu comment cela fe faffe, pourvu que le mouvement de rotation foit affez fort pour vaincre le frottement des mains qui appuient fur la furface extérieure du verre, & que les pointes tiennent à des piliers, ou poupées affez folides, pour ne pas laiffer échapper le vaiffeau tandis qu'on le fait tourner avec violence : ainfi quiconque aura un tour & une roue de trois à quatre pieds de diametre, comme on en a affez communément dans les laboratoires, n'a pas befoin de chercher autre chofe.

Au défaut de cet équipage, on pourra fe fervir d'une roue de Coutelier, de celle d'un Cordier, ou même d'une vieille roue de carroffe, à laquelle on formera une gorge de bois rapporté ; & l'on établira deux poupées à pointes fur un tréteau que l'on aura fixé à une muraille.

Mais une chofe qu'il ne faut point oublier , c'eft que l'une dès deux pointes foit une vis qui fera fon écrou dans le bois même de la poupée, afin qu'on puiffe ferrer le globe fans frapper.

On ne doit ferrer les pointes qu'autant qu'il le faut pour empêcher qu'elles n'aient du jeu dans les trous où elles entrent, autrement le verre feroit contraint ; & lorfqu'on viendroit à le dilater en le frottant, on courroit rifque de le faire éclater avec beaucoup de danger pour ceux qui feroient auprès. C'eft encore une bonne précaution à prendre, que de faire les trous un peu profonds dans le bois qui garnit les deux poles du globe , de crainte que les poupées, en réculant un peu , ne le laiffent échapper.

Si l'on fait les frais d'une machine de rotation exprès pour ces fortes d'expériences , on peut lui donner telle forme & telle décoration qu'on jugera convenable ; mais je trouve à propos qu'elle ait les qualités fuivantes :|

1° Qu'elle foit affez grande & affez forte pour fervir à toutes fortes d'expériences de ce genre ; ainfi il feroit bon que la roue eût au moins quatre pieds de diametre, qu'elle fût portée fur un bâti bien folide, affez pefant, & qu'il y eût deux manivelles, afin qu'en employant deux hommes pour tourner en certains cas, on pût forcer les frottements du globe pour augmenter les effets : j'éprouve tous les jours qu'un feul homme ne fuffit pas.

2° Que l'axe de la roue foit à telle hauteur, que l'homme qui eft appliqué à la manivelle fe trouve en force & dans une fituation non gênée ; cette hauteur doit être d'environ trois pieds & demi au-deffus du plancher, fur lequel la machine & l'homme font placés.

3° Que la corde de la roue communique immédiatement & fans renvois avec la poulie du globe : premiérement, parce que les renvois, tels qu'ils puiffent être, augmentent la réfiftance ; il y en a déjà affez de

la

la part d'un globe de douze ou quatorze pouces de diametre, dont on fait frotter l'équateur. Secondement, des poulies de renvoi font toujours beaucoup de bruit, & il y a des occasions où l'on a besoin de silence en faisant ces sortes d'épreuves.

4° Que le globe soit le plus isolé qu'il sera possible ; car on doit craindre que les corps voisins n'absorbent une partie de son Electricité : ainsi les poupées pour un globe d'un pied doivent avoir au moins dix pouces au-dessous des pointes.

5° Que le globe soit à une hauteur convenable, & se présente de maniere que celui qui le doit frotter, soit dans toute sa force ; il faut donc pour bien faire qu'il se trouve élevé de trois pieds ou environ, au-dessus du plancher, & qu'il tourne vis-à-vis de celui qui le frotte, en lui présentant son équateur.

6° Si les poupées tiennent au bâti de la roue, on doit faire en sorte qu'elles puissent s'approcher ou s'écarter toutes deux ensemble, afin qu'on puisse commodément tendre la corde, lorsqu'elle devient trop lâche,

B

7° Comme les globes font cafuels, & que ceux qui les remplacent ne font pas toujours de la même mefure, il faut que l'une des deux poupées foit mobile, qu'elle puiffe s'avancer vers l'autre, ou s'en écarter de cinq ou fix pouces de plus.

8° Il y a des expériences que l'on fait avec deux globes qui tournent à la fois ; afin que la machine foit complette, il faut donc qu'il y ait de quoi placer un fecond globe, & que le mouvement d'une feule roue s'imprime en même temps à tous les deux. Il faut auffi que ces globes, dont les axes font paralleles entr'eux, puiffent s'approcher ou fe reculer l'un de l'autre, quand leur groffeur variera, afin que les deux équateurs gardent toujours entr'eux à peu près la même diftance.

9° Si la machine peut être portative, fans préjudice à d'autres qualités plus effentielles, c'eft un mérite de plus, qu'on ne doit pas négliger de lui procurer.

10° Enfin fi quelqu'un, dans la vue de quelque commodité, penfoit à prolonger les poupées, ou quelque autre partie de la machine, pour fervir de fupport aux pieces qu'on veut fufpendre près de la furface du globe pour les électrifer, je l'avertis qu'il s'expofe à tout rompre & à fe bleffer ; car l'ébranlement que caufe le mouvement de la roue à la machine la plus folide, fera infailliblement vaciller la piece fufpendue ; & fi c'eft quelque chofe de fort péfant & de dur, comme une barre de métal, la moindre fecouffe le fera toucher au verre, avec hazard de le caffer. Ainfi le mieux eft d'avoir un fupport féparé de la machine, & qui ne participe point à fes ébranlemens.

En faveur des perfonnes qui ne voudront pas fe donner la peine d'imaginer une machine de rotation qui ait toutes les qualités dont je viens de parler, j'en vais décrire une qui les renferme toutes, & dont je fais ufage depuis huit ans.

A B, *a b*, *fig.* 2, font deux pieces de bois de chêne, qui ont chacune fept pieds de longueur, & quarrées fous trois pouces de face. Elles portent chacune trois montants *C*, *D*, *E*, *c*, *d*, *e*, qui font affemblés haut & Defcription d'une machine de rotation.

B 2

bas à neuf pouces de distance l'un de l'autre par des traverses, dont deux F, G, excedent de quatre à cinq pouces de chaque côté, pour donner de l'empatement à la machine.

Les quatre montants longs ; savoir C, D, c, d, portent par en-haut deux pieces H, I, h, i, qui ont quatre pieds & huit pouces de longueur, & qui forment, avec les traverses des montants, une espece de chassis qui a en dedans quatre pieds deux pouces de longueur, & neuf pouces de largeur.

Les deux montants courts E, e, assemblés en haut par une traverse qui excede d'environ treize pouces par un côté seulement MN, *fig.* 3, portent aussi deux pieces K, L, & semblables, *Fig.* 1, qui s'assemblent dans les deux montants du milieu D, d.

Sur ces deux dernieres pieces on établit une table chantournée qui est représentée par la *fig.* 4 ; & pour lui donner plus de solidité, on soutient la traverse excédente $M N$ de la *fig.* 3 par une console O.

Au bas de ce bâti, on peut pratiquer entre les quatre grands montants, deux fonds, à sept ou huit pouces de distance l'un de l'autre, & remplir cet espace par un tiroir qui servira à placer les tubes, les barres de fer, & autres instruments qui dépendent de cette Machine.

On élevera aussi dans le milieu, de part & d'autre, un montant Y Z, qui empêchera les pieces H I, h i, de plier sous le poids de la roue, & l'on pourra, si l'on veut, remplir les angles des quarrés avec des pieces de bois découpées, qui serviront d'ornement.

Les deux pieces H I, h i, portent au milieu deux especes de focles entaillés pour recevoir l'axe de la roue; & cet axe est retenu de chaque côté par deux coquilles de cuivre k, l, fig. 5; la premiere est noyée dans le bois; & l'autre s'applique par-dessus & s'arrête par le moyen de deux longues vis de fer, qui traversent le socle & la piece H I, & qui se serrent fortement avec des écroux.

La coquille supérieure doit être percée d'un trou au milieu pour recevoir de l'huile, quand il en est besoin.

La partie de l'axe qui tourne dans

chaque paire de coquille, doit être bien arrondie & bien adoucie ; & l'extrêmité de cette partie, du côté de l'effieu, doit avoir un épaulement afin que la roue fe contienne toujours dans fa place.

Les bouts de l'axe qui reçoivent les manivelles, font des quarrés vifs, dont chaque côté a neuf à dix lignes ; & le levier de chaque manivelle a environ dix pouces de longueur.

Les globes font montés entre deux poupées à pointes, *fig.* 6, dont une (celle qui porte la pointe fixe) eft arrêtée à demeure fur la tablette ; l'autre qui porte la pointe à vis, gliffe dans une rénure à jour, & s'arrête par le moyen d'une groffe vis qui lui fert de queue.

La tablette ainfi chargée de fon globe, fe place fur la table chantournée, *fig.* 4, fur laquelle elle fe meut en avant & en arriere pour tendre la corde autant qu'il en eft befoin ; elle eft guidée par deux tringles de bois $P p$, $Q q$, qui entrent dans les deux entailles R, r ; & elle s'arrête par une groffe vis S qui traverfe la tablette & la table : c'eft pour cela qu'on a fait la rénure à jour *T*, & l'ouverture quarrée *V*, qui laisse la liberté de tourner l'écrou *X* de la poupée à vis.

Quand il sera question de faire tourner deux globes à la fois, il faudra en avoir un second, monté de la même maniere que celui de la *fig.* 6, que l'on placera sur la même table, *fig.* 4, en faisant passer la vis *s* par la rénure *t*. Et alors on placera la corde comme il est représenté par la *fig.* 7.

Il faut que la corde soit de boyau, s'il est possible, & qu'elle n'excede pas la grosseur d'une médiocre plume à écrire.

Il faut encore avoir attention que les gorges de la grande roue & des poulies soient creusées en angle, mais en angle un peu émoussé, ou arrondi dans le fond, de maniere pourtant que la corde soit toujours un peu pincée.

Je ne m'étends pas davantage sur les mesures de chaque piece; on les reconnoîtra aisément par l'échelle; & d'ailleurs la plupart peuvent souffrir de légers changements.

Si l'on veut peindre la machine avec une huile ou un vernis coloré, on empêchera par-là que les bois ne se déjettent si tôt, & on lui donnera un air d'élégance qui plaît toujours. Cette décoration ne m'a paru jusqu'ici faire aucun tort aux expériences ; mais y fait-elle du bien, comme on l'a prétendu ? c'est ce que j'ignore.

Globe de soufre. Les premieres expériences d'Electricité qui commencerent à avoir quelque célébrité, furent faites avec un globe de soufre. Otto de Guérike, premier Auteur de la machine du vuide, s'en étoit fait un qui étoit gros comme la tête d'un enfant (ce font ses termes *) & qui étoit tout maffif; pour cet effet il avoit coulé du soufre fondu dans un ballon de verre, qu'il avoit caffé enfuite pour avoir la boule qui s'y étoit moulée; puis l'ayant percé, il l'avoit traversé d'un axe pour le faire tourner commodément fur deux fourches. Comme il y a encore des expériences à faire & à répéter avec de pareilles

* *Nova Experim. Magdeburg. de vacuo spatio. p. 147.*

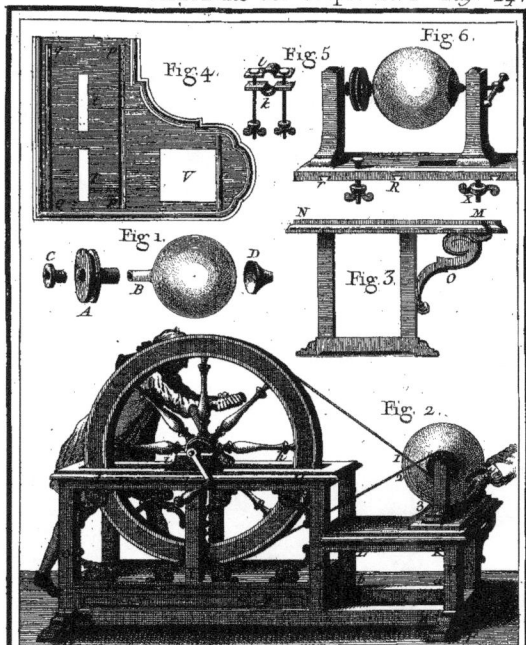

Fig. 4.   Fig. 5.   Fig. 6.

Fig. 1.   Fig. 3.

Fig. 2.

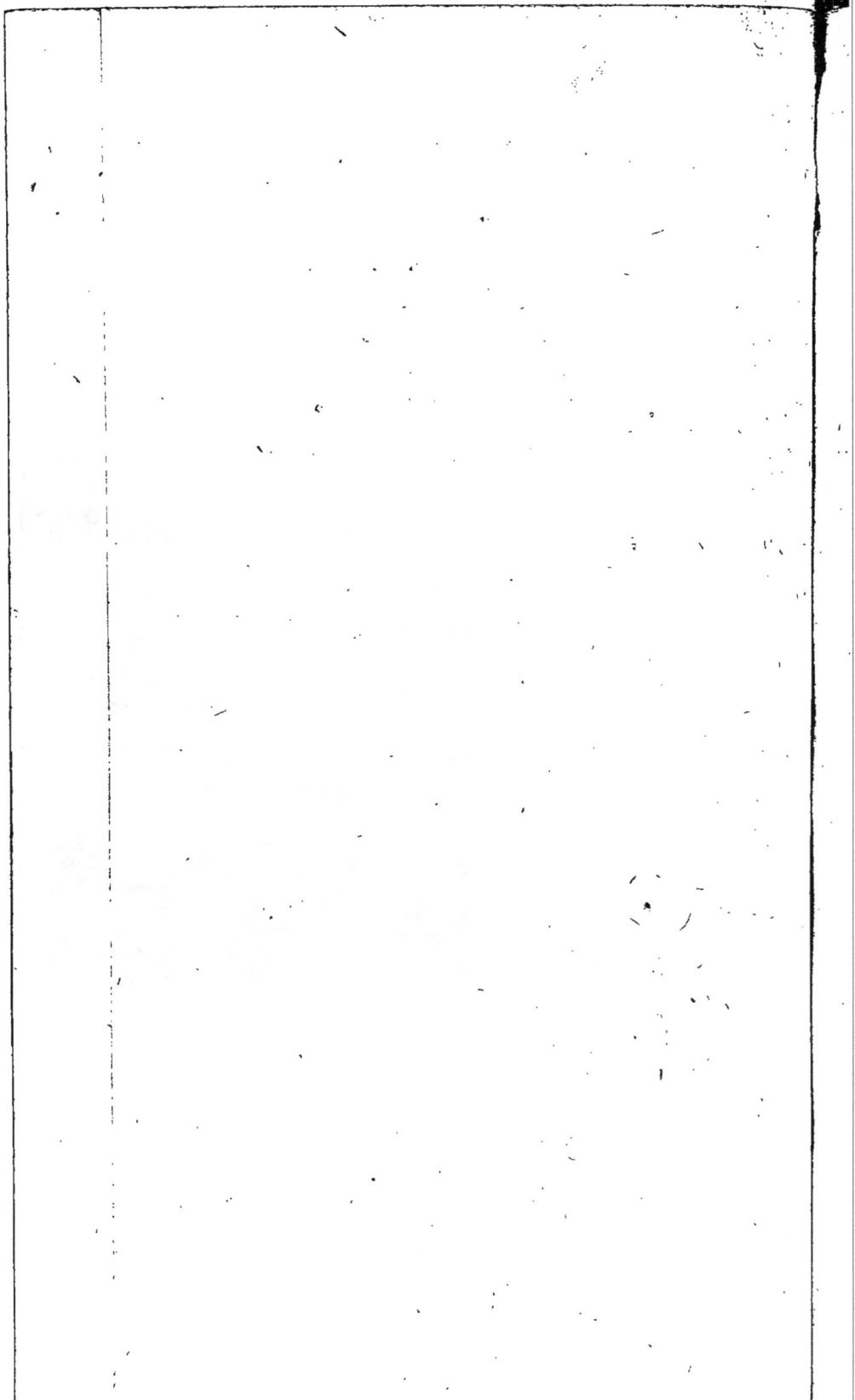

reilles matieres, à caufe de la diftinction vraie ou fauffe des deux Electricités ; je vais dire de quelle maniere je m'y fuis pris, après l'Auteur que je viens de citer, pour avoir des globes de foufre polis comme le fien, (cela eft important) mais creux & tout énarbrés.

J'ai pris un globe de verre commun & mince, dont les poles étoient ouverts en forme de goulots; fi l'on n'en avoit pas de cette forte, il eft facile de percer un ballon ordinaire, en la partie oppofée à fon col. J'ai fait paffer de l'une à l'autre ouverture un cylindre de bois qui excédoit de quatre ou cinq pouces de chaque côté, & qui bouchoit le vaiffeau de part & d'autre, à l'aide d'un peu d'étoupes que j'avois mis autour ; mais avant que de le fermer ainfi, je l'avois rempli aux deux tiers avec du foufre concaffé en petits morceaux.

Maniere de mouler un globe de foufre creux, & autres pieces.

Enfuite prenant le bâton par les deux bouts, je portai le verre & ce qu'il contenoit au-deffus d'un réchaud plein de charbons ardents, & je le tournai jufqu'à ce que le foufre

C

fût fondu. Je l'ôtai du feu alors, & je laiffai refroidir le tout, en continuant de tourner, & de cette maniere il fe forma une croûte épaiffe qui revêtit toute la furface intérieure du vaiffeau.

Je caffai le verre à petits coups, & je fis fortir mon globe de foufre creux parfaitement moulé & uni. Je plaçai l'axe de bois entre deux pointes de tour pour centrer l'équateur; & je lui donnai la forme néceffaire pour recevoir une poulie tournée à part, que je collai à l'une de fes extrêmités : ce globe s'applique comme ceux de verre à la machine de rotation.

On peut effayer de mouler de même des bâtons, des tubes, ou d'autres vafes, de foufre, de cire d'Efpagne, de réfine, &c. mais comme toutes ces matieres fe caffent très-aifément, on aura bien de la peine à les ôter du moule.

Globe de verre enduit par dedans de cire d'Efpagne.

Il y a une belle expérience d'Hauxbée, qui fe fait avec un globe de verre enduit de cire d'Efpagne intérieurement. Après ce que nous venons de dire touchant la maniere de mouler du foufre dans du verre, on devinera aifément ce qu'il faut faire pour former l'enduit dont il eft queftion.

Il ne s'agira, comme l'on voit, que de faire entrer dans le globe de verre, de la cire d'Efpagne pulvérifée ou concaffée en très-petits morceaux, & de tourner le vaiffeau fur du feu, jufqu'à ce que toute la matiere foit fondue, & enfuite entiérement refroidie.

Il faut prendre garde de ne point trop chauffer la cire d'Efpagne, parce qu'alors elle devient noire, ou bien elle forme des foufflures qui la détachent du verre lorfqu'elle fe refroidit.

On doit prendre garde auffi de ne point faire cet enduit trop épais : car comme la cire d'Efpagne fe retire plus que le verre en fe refroidiffant, une croûte trop épaiffe de cette matiere ne manque pas de fe détacher du vaiffeau.

Pour frotter commodément un globe, il faut qu'on le faffe tourner, felon l'ordre de ces chiffres 1, 2, 3, 4, fig. 2, & tenir les deux mains nues & bien feches, appliquées vers fon

Maniere de mettre le globe en ufage.

C 2

équateur , & à la partie inférieure
marquée 4. Ce n'eſt pas qu'on ne
puiſſe l'électriſer auſſi , en y appli-
quant une étoffe ou quelque autre
choſe : la plupart des Allemands &
des Italiens ſe ſervent d'un couſſinet
couvert de peau , & quelques-uns en-
duiſent cette peau de tripoli pulvéri-
ſé ; mais après avoir eſſayé de toutes
les façons , j'en ſuis revenu à frotter
avec la main nue , comme au moyen
le plus prompt , le plus commode &
le plus efficace.

Si quelque raiſon a pu faire imaginer le couſſinet , c'eſt la crainte que
l'on a eu d'être bleſſé par des éclats
de verre , ſi le globe venoit à ſe caſſer lorſqu'il tourne. J'avoue que cette crainte eſt fondée , & l'on doit
prendre des précautions pour éviter
pareils accidents ; mais celle du couſſinet m'a toujours rendu l'Electricité ſi lente , & ſes effets ſi foibles ,
que l'impatience m'en a pris , & que
je l'ai abandonnée pour toujours.
Au reſte depuis que je fais tourner
des globes de verre , il ne m'en eſt
caſſé qu'un entre les mains ; & ce
fut par un accident qui ne tenoit en

rien à la façon de s'en servir : avec un peu d'attention & d'habitude je crois qu'on peut, sans beaucoup de danger, continuer de frotter les globes de verre avec les mains.

On ne gagne rien à appliquer les mains de plusieurs personnes au même globe, pour le frotter dans une plus grande étendue de sa surface en même temps : il m'a paru au contraire que le verre étoit moins électrique alors ; & j'en apperçois quelque raison, en réfléchissant sur la maniere dont le frottement peut faire naître dans un corps cet état qu'on nomme Electricité : car il y a tout lieu de penser que cet état, quel qu'il soit, consiste dans un certain mouvement imprimé aux parties du corps frotté, à peu près peut-être comme le son naît d'un trémoussement que l'on donne à celles du corps sonore : or il est probable qu'on interrompt ce mouvement intestin, ou qu'on l'anéantit, quand on touche le verre en beaucoup d'endroits en même temps. Ainsi conséquemment à cette considération, il est mieux d'appliquer les deux mains

C 3

enfemble à un même endroit, que de preffer le globe par deux parties oppofées.

M. Boze que j'ai cité ci-deffus*, a communiqué l'Electricité à un même corps, avec plufieurs globes que l'on frottoit en même temps, & nous voyons par le récit de fes expériences (*a*), que ce moyen lui a réuffi pour forcer les effets de l'Electricité. Plufieurs perfonnes ont effayé ici de l'imiter, & je l'ai effayé moi-même ; cette épreuve n'a pas eu jufqu'à préfent un grand fuccès. Cependant je ne renonce point pour cela au préjugé tout naturel & vraifemblable où je fuis que l'on peut, par cette façon d'opérer, augmenter la force de l'Electricité : Premiérement, parce qu'un habile homme dont la candeur ne m'eft point fufpecte, m'affure le fait. Secondement, parce que je n'ai pas encore pu donner à cette expérience tout le loifir & l'attention qu'elle demande. C'eft pourquoi lorfqu'on fera conftruire exprès des machines de rotation, je ne crois

Application de plufieurs globes à une même machine.

* Pag. 8.

(*a*) *Tentam. Electr. comm.* 3. *p.* 91.

pas qu'on doive négliger de les rendre propres à faire tourner plusieurs globes en même temps.

Il y a aussi des expériences d'Electricité à faire dans le vuide : voici de quelle maniere on peut s'y prendre pour les exécuter.

Sur la platine d'une machine pneumatique on établit solidement une espece de pince à ressort, dont les branches qui finissent en forme de palettes un peu concaves, sont garnies d'étoffe ou de papier gris, & surmontées d'une petite frange de soie fort claire & un peu longue. On couvre cette pince d'un récipient, dont on cimente le bord avec de la cire mêlée de térébenthine, pour éviter l'humidité qu'on auroit à craindre avec des cuirs mouillés ; ce récipient est ouvert en sa partie supérieure en forme de goulot, & garni d'une virolle de cuivre, entre le couvercle & le fond de laquelle il y a plusieurs rondelles de cuirs gras. Le tout est traversé par une tige de métal bien cylindrique & bien unie, qui peut glisser selon sa longueur & tourner dans les cuirs, sans que l'air

Maniere d'électriser dans le vuide.

C 4

puiſſe paſſer du dehors au-dedans du
vaiſſeau. Au bout de cette tige qui
ſe trouve dans le récipient , on fixe
une boule de ſoufre , de cire d'Eſpagne , ou d'ambre , ou bien on y at-
tache un petit globe de verre que
l'on fait embraſſer par les deux coquilles ou palettes de la pince à reſſort. A l'autre bout de la tige on fixe
une bobine de bois, ſur laquelle on
fait tourner deux fois la corde d'un
archet ; & par ce moyen il eſt aiſé
de faire frotter autant qu'on le veut
la boule de verre ou de ſoufre , &c.
dans la pince garnie. Voy. la *fig.* 8,

Si l'on avoit une machine pneumatique ſemblable à celles dont je
me ſers * , qui ſont aſſorties d'un
rouet, & que j'ai décrites dans les
Mémoires de l'Académie (*a*), on feroit ces ſortes d'expériences plus
commodément qu'avec un archet ;
qu'on ne peut guere faire aller & venir ſans ébranler la machine.

Quand la boule aura tourné quelque temps dans la pince, aſſez pour
faire croire qu'elle a été ſuffiſamment

* *Leçons de Phyſ. T. III. x. Leçon, pl.* 5.
(*a*) *Mém. de l'Acad. des Sc.* 1740, *p.* 385. *& ſ.*

frottée, on foulevera la tige qui la porte, pour la dégager de la pince ; & en l'arrêtant auprès de la petite frange, on verra fi elle en attire ou fi elle en repouffe les fils, ce qui prouvera qu'elle eft électrique.

On pourra, fuivant les différentes vues que l'on aura, faire précéder l'évacuation de l'air, ou le frottement du corps que l'on veut effayer d'électrifer.

Le petit globe de verre que l'on deftine à ces expériences, peut auffi être garni d'un robinet bien exact, pour l'appliquer lui-même à la machine pneumatique, & le tenir vuide d'air ; car il y aura telle occafion où l'on fera bien aife de comparer les effets de ce petit globe évacué ou plein dans le vuide & dans l'air condenfé.

On feroit peut-être bien aife auffi d'effayer de frotter un globe plein d'air condenfé ; cette épreuve fera plus difficile à faire avec exactitude, & de maniere qu'on puiffe en conclure quelque chofe de certain ; car il ne fuffira pas d'y faire entrer de l'air à force avec une pompe foulan-

Maniere d'électrifer un vaiffeau où l'air eft condenfé.

te, comme on pourroit le croire ; les vapeurs graffes & l'humidité d'un air qui a paffé ainfi par une pompe, jetteroit bien de l'incertitude fur le réfultat de l'expérience. Feu M. Dufay, pour éviter cet inconvénient, a condenfé l'air d'un tube en l'adaptant à un gros éolipyle qui ne contenoit que de l'air, & qu'il faifoit chauffer fortement : par ce procédé qui eft ingénieux, il a fans doute condenfé l'air du tube ; mais n'y a-t-il fait entrer aucune exhalaifon ou vapeur, capable de caufer ou de partager l'effet qu'il a attribué à la feule condenfation de l'air ? C'eft ce dont on pourroit douter.

Support pour foutenir les corps qu'on veut électrifer.

Un corps que l'on veut électrifer par communication, doit être ifolé, ou comme tel ; c'eft-à-dire, qu'il faut le foutenir avec des fupports qui ne partagent que très-peu ou point fon Electricité, & qui ne la tranfmettent pas aux autres corps qui font dans le voifinage. On a appris de l'expérience que le foufre, la foie, la réfine, la poix, & généralement tout ce qui s'électrife aifément en frottant, eft très-propre à cet effet ; ainfi l'on choisit de ces matieres celle qui convient le mieux, suivant le poids, la figure, ou les autres qualités du corps que l'on veut soutenir.

Un homme, par exemple, peut se tenir debout sur un gâteau de réfine, de soufre ou de poix, de cire, &c. & l'on peut choisir indifféremment celle de ces matieres qui coûtera le moins, ou qu'on sera le plus à portée de se procurer, selon la circonstance du temps ou du lieu : ou bien la personne peut être assise ou couchée sur une planche suspendue avec des cordons de soie ou de crin attachés au plancher : de l'une ou de l'autre façon, on l'électrisera en lui faisant approcher de fort près la main, du globe que l'on frotte, ou bien en passant près de son corps, en quelqu'endroit que ce soit, un tube nouvellement frotté.

Le P. Gordon, Bénédictin Ecossois, & Professeur de Philosophie à Erford, a fait imprimer il y a six ans un petit Ouvrage *, dans lequel on trouve la description de quel-

* *Phænomena Electricitatis exposita ab Andrea Gordon*, &c.

ques machines dont on fe fert en Allemagne , & qu'il emploie lui-même dans les expériences de l'Electricité. Au lieu de gâteau des matieres
réfineufes ou de cordons de foie attachés au plancher, il fe fert d'une
efpece de chaffis garni d'un réfeau,
fait de cordons de foie, fur lequel il
fait monter la perfonne qu'on doit
électrifer : & pour foutenir horizontalement des corps d'une certaine
longueur , il emploie des doubles
fourches qui portent des cordons
de foie tendus , & dont les pieds
hauffent & baiffent fuivant le befoin.
Voyez la *fig.* 9. Je n'ai rien changé
à celle de l'Ouvrage que je viens de
citer , finon que j'ai repréfenté les
branches ou pilliers qui portent les
cordons , un peu plus écartés l'un
de l'autre , précaution que je crois
néceffaire pour empêcher que l'Electricité ne fe communique trop au
fupport.

Gâteaux
deréfine.
Maniere
de les
mouler.
Les gâteaux de réfine ou de poix,
fi l'on s'en fert , doivent avoir au
moins fept à huit pouces d'épaiffeur,
& être affez larges pour appuyer
commodément les pieds de la per-

fonne qui monte deſſus. On les peut mouler dans un cercle d'écliſſe ou de carton, auquel on fera un fond ſeulement avec pluſieurs feuilles de papier collé ; mais quand ils ſeront refroidis & durcis, il faut les dépouiller de cette écorce, par laquelle l'Electricité ne manqueroit pas de ſe diſſiper.

Ce qui pourroit faire ſouhaiter de laiſſer une enveloppe de bois ou de quelqu'autre matiere ſolide, c'eſt que ces gâteaux, ſur-tout ceux de réſine, ſont ſujets à s'écrouler ou à ſe rompre quand on marche deſſus ; & que ceux de pure poix s'affaiſſent & ſe déforment quand il fait chaud. On pourra remédier à ces inconvénients, ſi l'on fait ces gâteaux d'un mélange de réſine & de cire la plus commune, à parties égales ; j'en ai de cette façon qui me réuſſiſſent très-bien.

Ces gâteaux nouvellement fondus ſont quelquefois d'un mauvais ſervice ; la perſonne qui eſt placée deſſus, ne devient que peu ou point électrique : mais ſi on a la patience d'attendre quelque temps, cette mau-

vaife difpofition ceffera ; c'eft un fait
dont je ne fais pas bien la raifon.
On auroit de même à fe plaindre des
gâteaux ou de tout autre fupport,
fi on n'avoit foin d'en entretenir la
furface bien feche ; l'humidité, ou
l'eau, eft une efpece de véhicule qui
donne lieu à l'Electricité de fe diffiper.

Il ne faut pas que la perfonne qui
eft fur le gâteau touche à rien de ce
qui l'environne, foit par elle-même,
foit par fes habits : fi c'eft une Da-
me, ou quelqu'un qui porte une ro-
be, il faut avoir foin que cette ro-
be foit autant élevée que les pieds
de la perfonne même au-deffus du
plancher. Dans le cas d'une forte
Electricité, cette précaution n'eft pas
auffi effentiellement néceffaire que
dans les cas ordinaires ; mais il eft
certain que la perfonne qui n'eft
point parfaitement ifolée de toutes
parts, n'eft jamais autant électrique,
fi elle le devient, qu'elle le feroit en
ne touchant à rien.

Cordons
de foie. Pour foutenir la barre de fer au-
deffus du globe, quand elle eft fort
pefante, je me fers de deux cordons

de soie qui embraſſent des poulies fixées au plancher, & dont les bouts ſont à portée de la main, pour faire monter ou deſcendre la barre qu'ils portent. *Fig.* 10.

Quand les barres ſont minces, je les ſoutiens avec un ſupport portatif, d'où je fais pendre deux fils de ſoie, qui s'allongent ou s'accourciſſent par le moyen de deux chevilles que je tourne d'un côté ou de l'autre. *Fig.* 11.

Pour ne point riſquer de caſſer le globe, on peut garnir le bout de la barre de fer avec un peu de clinquant, ou avec une petite frange de métal, qui s'avance d'un pouce, & qui puiſſe toucher impunément la ſuperficie du verre.

Enfin ſi ce que l'on veut iſoler eſt très-léger ou d'un petit volume, on pourra le placer ſur un guéridon de verre, que l'on conſtruira aiſément avec un bout de tube, fixé de part & d'autre à un morceau de vitre, ou de glace de miroir, arrondi ou quarré; la figure n'y fait rien. Un guéridon de cire d'Eſpagne, ou de ſoufre, feroient la même choſe; mais il

feroit plus difficile à faire, & coûte-
roit plus.

Si l'on s'apperçoit qu'un corps pofé fur le petit guéridon, ou autre
fupport, s'électrife difficilement, cela
dépend fouvent d'une légere humidité,
qu'il faut diffiper, non pas en chauffant fortement, mais feulement en
paffant ce fupport deux ou trois fois
devant le feu. Quant au corps qui
doit être électrifé, on ne rifque rien
de le chauffer & de le frotter pour
le fécher.

Maniere d'éprou- ver fi un corps eft électri- que.
Quand un corps eft fortement élec-
trique, il en donne des marques
très-fenfibles, foit en attirant d'une
diftance affez confidérable les corps
légers qu'on lui préfente, & en les
repouffant avec vivacité, foit en jet-
tant de la lumiere par quelque endroit de fa furface. Mais il eft plus
difficile de juger fi un corps a cette
vertu, quand elle eft foible; car alors
il ne peut attirer que de fort près, &
des matieres fi légeres & fi déliées,
qu'on auroit peine à démêler fi elles
obéiffent à l'Electricité, ou fi le mouvement qu'elles ont ne leur vient
point de quelque petite agitation de
l'air.

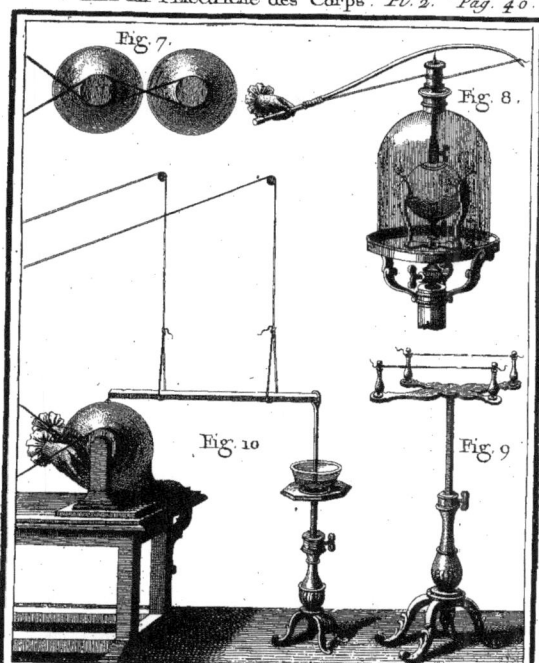

Essai sur l'Electricité des Corps. Pl. 2. Pag. 40.

Fig. 7.

Fig. 8.

Fig. 10.

Fig. 9.

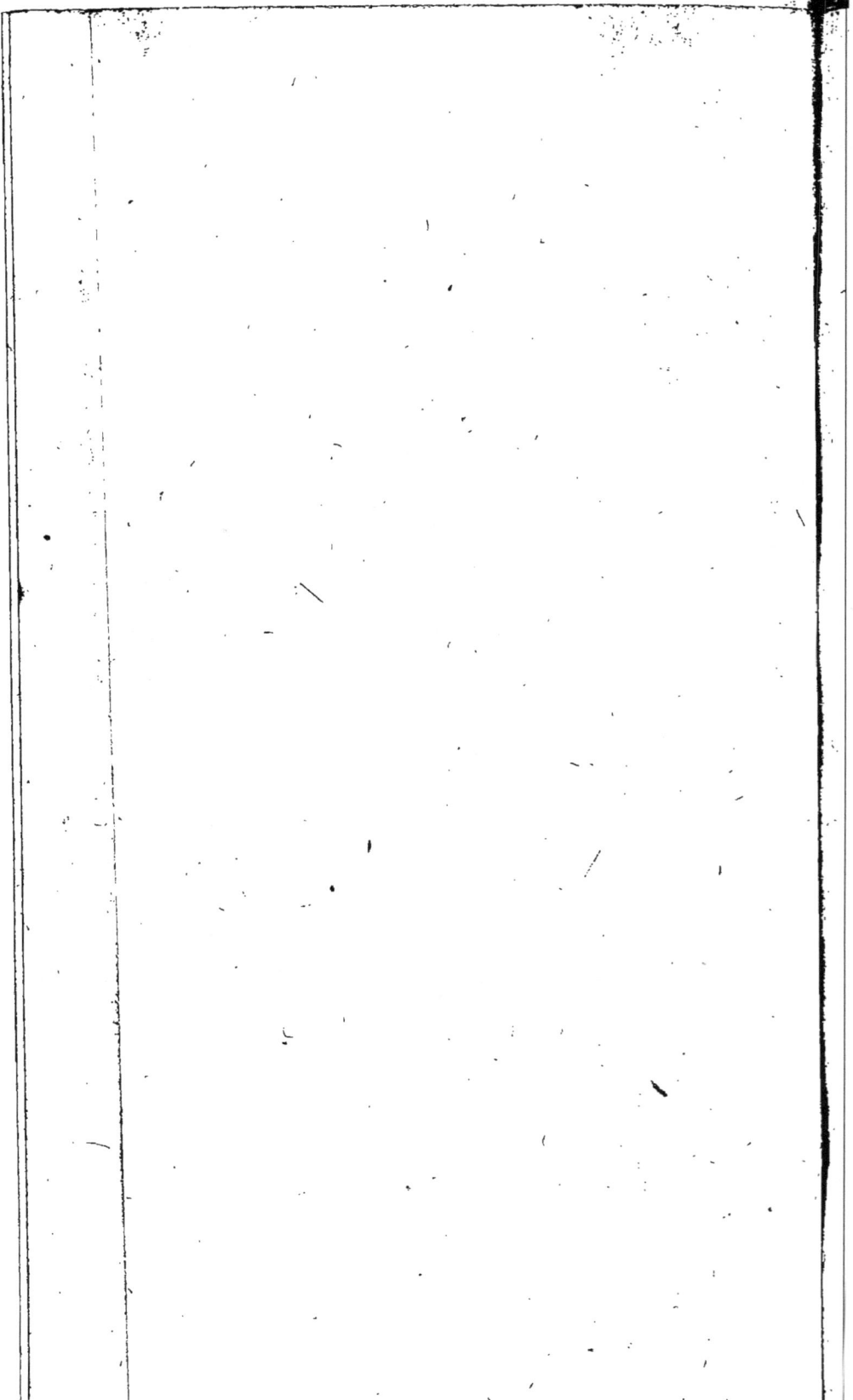

l'air. Pour éviter l'erreur, il faut présenter à ces corps foiblement électriques quelqu'autre corps très-mobile, & de telle nature que l'Electricité ait plus de prise sur lui que sur les autres.

L'expérience m'ayant appris que les fils de soie, le poil des animaux, les feuilles de métal, sont attirés & repoussés plus vivement que la plupart des autres matieres par un corps électrique, je conseille donc de suspendre un cheveu par un bout à une petite baguette, & d'approcher doucement l'autre bout de ce même cheveu près du corps électrique, & l'on reconnoîtra par cette épreuve réitérée, s'il y a Electricité ou non. On pourra faire la même chose avec une petite feuille de métal suspendue à un fil de soie; je ne dis pas de la soie filée, mais de la soie simple, telle que la donne la chenille, & qui est bien plus déliée qu'un cheveu.

Les feuilles de métal dont j'entends parler ici, & dont je ferai souvent mention dans la suite, sont de celles que l'on vend par livrets, & dont les Doreurs sur bois & les Ver-

Feuilles de métal & autres corps légers propres aux expé-

D

nisseurs ont coutume de se servir. Elles sont ou d'or, ou d'argent, ou de cuivre : ces dernieres qui coûtent très-peu de chose, sont aussi bonnes que les autres, dans presque toutes les expériences.

Au lieu de feuilles de métal on peut se servir de petites plumes ; elles font un très-bon effet, sur-tout quand il s'agit de soutenir en l'air un corps léger par le moyen du tube électrique, comme on le dira ailleurs : mais pour lors il faut choisir de ces plumes, ou parties de plumes, dont les brins sont rares & épanouis ; le duvet de cygne dont on fait des houpes à poudrer pour la toilette des Dames, réussit on ne peut pas mieux.

Il n'est pas douteux que l'Electricité en général ne soit susceptible de plus & de moins suivant certaines circonstances ; le même globe, le même tube qui a bien fait un certain jour, ne fera pas si bien dans un autre temps, quoiqu'il soit frotté par la même personne & avec les mêmes attentions. C'est une chose que j'ai éprouvée mille fois, & de laquelle conviennent tous ceux qui sont dans

l'habitude d'électrifer. On eft d'accord auffi , & je l'ai déjà dit ci-deffus , qu'un temps humide & chaud
eft le moins favorable de tous. Je
confeille donc aux Profeffeurs qui
n'auroient pas encore acquis une
certaine pratique , qui fait réuffir en
tout temps quand on n'a qu'à répéter des expériences connues ; je leur
confeille , dis-je , de préférer l'Hi-
ver à l'Eté , pour faire voir les phénomenes électriques à leurs Ecoliers.
Il eft vrai pourtant que depuis qu'on
électrife avec des globes , une perfonne un peu au fait ne manque guere
les expériences , s'il fe contente d'effets
plus foibles.

Puifque la chaleur du temps , &
l'humidité de l'air nuit à l'Electricité , on doit donc , autant qu'on le
peut , choifir pour opérer , un lieu
fec , préférer le foir aux autres heures du jour , & fur-tout en Eté : ces précautions ne font pas de néceffité abfo-
lue ; mais on ne doit pas les négliger
quand on peut les prendre.

Je finis cette premiere partie par
une obfervation que j'ai faite il y a
cinq ou fix ans , & qui s'eft bien con-

firmée depuis dans des temps où j'ai répété les expériences de l'Electricité, pour plus de trente perfonnes à la fois, dans une chambre qui n'avoit que feize pieds de longueur fur douze de large. On fait que par le plus beau temps du monde, un tube qui commençoit à bien faire, devient fouvent très-difficile à électrifer, & ne fournit plus aux expériences, quand la chambre où l'on opere eft trop pleine de monde ; je l'ai éprou- vé bien des fois, & le fait eft géné- ralement reconnu pour vrai. On s'en prend ordinairement aux vapeurs qui fe répandent dans l'air de la cham- bre, par la tranfpiration d'un trop grand nombre d'affiftants ; & cette raifon eft très-plaufible, puifque toute humidité nuit aux effets dont il s'agit. Mais voici un autre fait qui n'eft pas moins certain, & qui pa- roît affez difficile à concilier avec le premier ; c'eft que quand j'électrife avec un globe par un temps favora- ble, quelque nombreufe que foit la compagnie, l'Electricité, bien loin de s'affoiblir, n'en devient que plus forte ; fi l'on en juge par les aigret-

tes & par les étincelles qui fortent ou
de la barre de fer, ou d'une perfonne électrifée : jamais ces effets ne
font auffi beaux qu'en préfence d'u-
ne nombreufe affemblée ; & ce fait eft
fi conftant, que quand je veux animer
davantage les émanations lumineufes,
ou exciter celles dont la lumiere s'affoiblit, je fais approcher du monde, &
cet expédient me réuffit toujours.

Ce n'eft point ici le lieu de chercher la caufe de ce fait, je le rapporte feulement, parce qu'il offre un
moyen de donner plus d'éclat aux
phénomenes les plus intéreffants, &
parce que ceux qui manqueroient les
expériences dans le cas dont il s'agit,
pourroient, en fuivant le préjugé,
s'en prendre mal-à-propos au trop
grand nombre, & négliger par-là de
chercher la vraie caufe de leur mauvais
fuccès.

SECONDE PARTIE.

EXPOSITION MÉTHODIQUE des principaux phénomenes de l'Electricité, pour servir à la recherche des causes.

L'ORDRE que je suivrai dans cette seconde partie, sera de proposer une question, de rapporter les expériences qui peuvent servir à la résoudre, & d'exposer ce que le concours des résultats aura indiqué, par des propositions générales qui puissent être regardées ensuite comme des principes de fait.

PREMIERE QUESTION.

Quels sont les corps qui sont capables de devenir électriques par frottement; & ceux qui le deviennent par cette voie, le sont-ils tous au même degré?

EXPÉRIENCES.

Frottez, de la maniere qu'on l'a dit ci-deſſus *, 1° un morceau de cire blanche ; 2° un bâton de cire d'Eſpagne ; 3° une petite boule de ſoufre ; 4° un tube ou une baguette ſolide de verre. Préſentez ſucceſſivement chacun de ces corps nouvellement frottés au-deſſus d'un carton bien liſſé, ſur lequel vous aurez répandu un peu de cette pouſſiere de bois qu'on met ſur l'écriture, ou quelques fragments de feuilles de métal. Vous verrez alors ces petits corps légers s'élever & aller s'appliquer à la ſurface du corps frotté qu'on leur préſente, & pluſieurs d'entr'eux s'élancer de deſſus ce même corps après l'avoir touché.

En répétant pluſieurs fois ces mêmes expériences, on aura lieu d'obſerver, 1° que la cire blanche eſt toujours moins électrique que les autres matieres ; ce que vous reconnoîtrez en faiſant attention qu'elle n'attire ni auſſi vivement, ni d'auſſi loin que le ſoufre, le verre, &c.

* Pag. 6. & 7.

2° que la cire d'Espagne & le soufre s'électrisent plus fortement que la cire blanche, mais toujours plus foiblement que le verre.

On a eu des résultats à peu près semblables à ceux que je viens de rapporter, lorsqu'on a fait la même épreuve avec les matieres dont voici la liste.

Le jayet, l'asphalte, la gomme copal, la gomme lacque, la colophone, le mastic, le sandarac, le vernis de la Chine légérement chauffé, la poix noire ou blanche, & même la térébenthine mêlée avec de la brique pilée ou de la cendre, pour lui donner une consistance suffisante, &c.

Le diamant blanc, & sur-tout le brillant; le diamant de couleur, principalement le jaune; le grenat, le péridote, l'œil de chat, le saphir, le rubis, la topaze, l'améthyste, le crystal de roche, l'émeraude, l'opale, la jacinte, la porcelaine, la faïance, la terre vernissée, le verre de plomb, d'antimoine, de cuivre, &c.

Les talcs de Venise & de Moscovie, le gyps, les selenites, & généralement

ralement toutes les pierres tranſpa-
rentes ⸴, les agathes, les jaſpes, le
porphyre, le granit, les marbres de
toutes couleurs, le grais, l'ardoiſe,
&c.

La ſoie, le fil, le coton, les plumes, les cheveux, le parchemin,
les os, l'ivoire, la corne, l'écaille,
la baleine, les coquilles ; les bois de
toutes eſpeces ; l'alun, le ſucre can-
di, &c.

Un grand nombre de ces corps
n'acquierent par le frottement qu'u-
ne Électricité très - foible, encore
faut-il pour cela les échauffer aſſez
fortement.

Mais les corps vivants, les métaux
& même les ſemi-métaux, comme
le zinc, le biſmuth, l'antimoine,
&c. quoique frottés vivement & à
pluſieurs repriſes, n'ont jamais donné aucun ſigne d'Électricité.

Réponſe à la premiere Queſtion.

On peut donc conclure par rapport à la queſtion préſente, 1° que
de tous les corps qui ont aſſez de
conſiſtance pour être frottés, ou
dont les parties ne s'amolliſſent

E

point trop par le frottement , il en
eft peu qui ne s'électrifent quand on
les frotte.

2° Que les corps vivants , les métaux parfaits ou imparfaits , doivent
être formellement exceptés.

3° Que tous les corps qu'on peut
électrifer en frottant , ne font pas capables d'acquérir un égal degré d'E-
lectricité.

4° Que les plus électriques de
toutes , après avoir été frottées , font
les matieres vitrifiées , & enfuite le
foufre , les gommes , certains bitumes , les réfines , &c.

Les corps qui s'électrifent par
frottement , ont été nommés *matieres Electriques par elles-mêmes* , ou *naturellement Electriques* ; en Latin , *per
fe Electrificabiles* , ou *Electricæ*.

II. QUESTION.

*Quelles font les matieres qui s'électri-
fent par communication ; & celles qu'on
peut électrifer ainfi , font-elles toutes également fufceptibles de recevoir le même
degré d'Electricité ?*

PREMIERE EXPÉRIENCE.

Prenez tel corps folide que vous voudrez, animal mort ou vif, bois, plante, ou fruit, gomme ou réfine, métal, pierre, vitrification, &c. fufpendez-le avec un fil de foie, ou bien pofez-le fur un appui, comme il eft marqué dans la premiere Partie; * approchez fort près de ce corps, & à plufieurs reprifes, un tube de verre fortement électrifé. L'Electricité de ce tube fe communiquera de maniere que le corps fufpendu, ou foutenu comme on vient de le dire, attirera & repouffera les petites feuilles de métal qu'on lui préfentera, ou un fil qu'on laiffera pendre à quelques pouces de diftance de fa furface.

* Page 54 & fuiv.

SECONDE EXPÉRIENCE.

Vous communiquerez de même l'Electricité à une liqueur quelconque, qui fera placée dans un petit gobelet, fur un guéridon de verre, ou fur quelque appui de foufre ou de matiere réfineufe.

Ces expériences fe font plus com-

E 2

modément & avec plus de fuccès ;
lorfqu'au lieu d'un tube on fe fert
d'un globe de verre pour communiquer l'Electricité ; alors fi le corps
qu'on veut électrifer a une certaine
longueur , on le fufpend avec des
cordons de foie : *voyez les fig.* 10 &
11. Si le corps à qui l'on veut communiquer l'Electricité , n'a point une
longueur fuffifante pour être fufpendu de la maniere qu'on vient de le
dire , on pourra le pofer ou l'attacher au bout d'une verge de fer ,
d'une corde de chanvre , ou d'un
bâton fufpendu horizontalement.
Enfin fi c'eft une liqueur qu'on veuil-
le électrifer , on la placera dans une
capfule de verre , ou dans quelque
autre vafe fort ouvert , comme une
jatte de faïance , de porcelaine , &c.
& l'on fera plonger dedans un fil de
métal qui pende au bout d'une verge de fer , dont l'autre extrêmité
répond au globe : *voyez la fig.* 10.

Après un grand nombre d'expériences faites par diverfes perfonnes
fur toutes fortes de corps tant folides que liquides , foit avec un tube ,
foit avec un globe de verre , voici

quels font les réfultats les plus conftants.

Réponfe à la feconde Queftion.

1° Il paroît qu'il n'y a aucune
matiere en quelque état qu'elle foit
(fi l'on en excepte la flamme & les
autres fluides qui fe diffipent par un
mouvement rapide , parce qu'on ne
peut guere les foumettre à ces fortes d'épreuves ;) il n'eft, dis-je, aucune matiere qui ne reçoive l'Electricité d'un autre corps actuellement
électrique.

2° Il y a des efpeces à qui l'on
communique l'Electricité bien plus
aifément & bien plus fortement qu'à
d'autres. Tels font les corps vivants,
les métaux , & affez généralement
toutes les matieres qu'on ne peut
électrifer par frottement, ou qui ne
le deviennent que peu & difficilement
par cette voie.

3° Et au contraire, les corps qui
s'électrifent le mieux par frottement,
le verre, le foufre, les gommes , les
réfines, &c. ne reçoivent que peu
ou point d'Electricité par communication.

E 3

III. QUESTION.

Y a-t-il quelque différence remarquable entre l'Electricité acquise par communication, & celle qui est excitée par frottement ?

Il résulte des expériences rapportées dans la Question précédénte, que le même corps agit pour l'ordinaire plus ou moins puissamment, selon qu'il a acquis l'Electricité de l'une ou de l'autre maniere. Un bâton de soufre ou de cire d'Espagne, par exemple, devient bien plus électrique quand on le frotte, que quand sa vertu lui est communiquée par un autre corps électrisé. Et au contraire, un morceau de bois que l'on électrise par communication, a toujours beaucoup plus de vertu que s'il devenoit électrique par frottement. Mais ce qu'on se propose ici, c'est de savoir en général si l'Electricité communiquée présente communément quelque différence qu'on ait lieu d'attribuer à la maniere dont on la fait naître dans un corps. Comparons donc les effets d'un corps qui s'électrise le mieux par frottement, avec ceux d'un autre corps qui devient le plus électrique par voie de communication.

PREMIÈRE EXPÉRIENCE.

J'électrise une verge de fer de trois ou quatre lignes d'épaisseur, & de quatre ou cinq pieds de longueur, suspendue avec deux fils de soie, au-dessus du globe de verre que l'on fait frotter sur mes mains, *fig.* 10. Le premier de ces deux corps devient électrique par communication, & le dernier l'est par frottement.

J'observe alors, premiérement que l'un & l'autre attirent des corps semblables, des feuilles de métal, des plumes, &c. à des distances à peu près égales. Secondement l'un & l'autre étincellent & pétillent quand on en approche le doigt, ou tout autre corps non-électrisé ; mais le feu qui sort du fer est plus vif, & éclate davantage que celui qui vient du verre.

SECONDE EXPÉRIENCE.

J'ai observé assez constamment la

E 4

même chofe en me fervant d'un globe de foufre , au lieu de celui de
verre ; à cela près que les effets de
part & d'autre , c'eft-à-dire , de la
barre & du globe , étoient plus foibles.

TROISIEME EXPÉRIENCE.

Cette même expérience faite un
grand nombre de fois avec un tube
de verre , & un homme placé debout fur un fupport de matiere réfineufe , m'a toujours offert le même
réfultat.

Réponfe à la troifieme Queftion.

J'ai donc cru devoir conclure de
ces Epreuves , 1° Que les effets
font les mêmes au fond , foit que
l'Electricité naiffe par frottement ,
foit qu'elle s'acquiere par communication.

2° Que la voie de communication eft un moyen plus efficace que
le frottement, pour forcer les effets de
l'Electricité.

IV. QUESTION.

Tous les Corps légers de quelque efpece

qu'ils foient, font-ils attirés & repouffés par un Corps électrifé ; & cette vertu a-t-elle plus de prife fur les uns que fur les autres ?

PREMIERE EXPÉRIENCE.

Si l'on place fur une table de bois unie & bien feche, ou fur un carton bien liffe, des petits fragments de feuilles d'or ou de cuivre, des petites boulettes de coton, de très - petites plumes, des brins de foie, des particules de verre foufflé très-mince, &c. & que l'on préfente au-deffus, environ à un pied de diftance, un tube de verre récemment frotté ; tous ces petits corps s'élevent vers le tube électrique, & font repouffés vers la Table ; ce qui fe répete continuellement tant que dure l'Electricité du verre ; mais on obferve que les feuilles de métal ont un mouvement plus vif & plus fréquent, foit d'attraction, foit de répulfion.

SECONDE EXPÉRIENCE.

Sufpendez avec deux fils de foie une baguette de bois à laquelle vous attacherez des rubans de diverfes

couleurs , mais de même largeur &
longueur , afin qu'ils foient tous à
peu près de même poids , *fig.* 12;
approchez-en , environ à un pied de
diſtance , un tube de verre électrifé ,
de maniere que ſa longueur ſoit pa-
rallele au plan formé par les rubans ,
& à la ligne qui comprend toutes
leurs extrêmités inférieures.

Les rubans noirs ſont toujours
attirés & repouſſés de plus loin ou
plus fortement que les autres. S'il y
en a quelqu'un des autres couleurs
qui faſſe la même choſe , on lui fait
perdre à coup ſûr cette qualité qui
le diſtingue , en le lavant & le faiſant ſécher.

Et celui de tous qui paroît obéir
le moins à la vertu Electrique du
tube , devient le plus actif & le
plus prompt , quand on le mouille , ou qu'on remplit une partie
des pores , en le cirant ou en le gom-
mant.

TROISIEME EXPÉRIENCE.

Mettez ſur une tablette de bois
deux petits vaſes de verre également remplis , l'un d'encre , l'autre

d'eau pure ; préfentez-les , en les éle-vant parallelement ; à une verge de fer électrifée , dans une fituation ho-rizontale , foit avec un tube , foit avec un globe de verre.

Quand la furface des deux li-queurs fera à une petite diftance du fer électrifé , chacune d'elles s'éle-vera en forme de monticule , on en-tendra un petit éclat de bruit , & fi l'expérience fe fait dans un lieu un peu obfcur , on appercevra en mê-me temps une petite étincelle de feu très-brillante. Ces trois effets, (l'é-lévation ou l'élancement de la li-queur , le bruit & le feu) font or-dinairement plus fenfibles avec l'en-cre qu'avec l'eau pure.

Réponfe à la quatrieme Queftion.

Il paroît donc , 1° qu'un Corps actuellement électrique exerce fon action fur toutes fortes de matieres indiftinctement , pourvu qu'elles ne foient pas retenues invifiblement , foit par trop de poids , foit par quel-qu'autre obftacle.

2° Qu'il y a certaines matieres fur lefquelles l'Électricité a plus de prife que fur d'autres.

3° Que cette difpofition plus ou moins grande à être attiré & repouffé par un Corps électrique , dépend moins de la nature des matieres ou de leurs couleurs , que d'un affemblage plus ou moins ferré de leurs parties, puifque le même ruban feulement mouillé , ciré ou gommé , devient par-là plus propre à obéir au tube électrique , & que la teinture noire ou l'encre qu'on fait être plus dénfe que l'eau pure , à caufe des parties ferrugineufes qu'elle contient , procure le même effet.

COROLLAIRE.

Il réfulte encore des Expériences employées dans cette Queftion , que l'Electricité & le magnétifme font deux chofes tout-à-fait différentes, car l'aiman n'attire que le fer ou les matieres qui en contiennent beaucoup ; au lieu que le Corps électrifé exerce fon action fur tout ce qui eft affez léger pour lui obéir. On trouvera auffi dans la queftion fuivante , de quoi établir de grandes différences entre l'aiman & le corps électrifé.

V. QUESTION.

L'Electricité une fois excitée, ou communiquée, dure-t-elle long-temps ; & quelles font les causes qui la font cesser , ou qui diminuent sa durée , ou sa force ?

PREMIERE EXPÉRIENCE.

Faites fondre du soufre, de la résine ou de la cire d'Espagne ; remplissez-en un verre à boire un peu chauffé, & légérement enduit d'huile intérieurement : quand cette espece de cône sera froid & détaché de son moule , frottez-le avec la main pour l'électrifer ; couvrez-le du même verre dans lequel il a été moulé , & reposez-le dans un endroit où personne ne le touche.

Si vous le visitez au bout de cinq ou six mois , il vous donnera encore des signes d'Electricité. J'en ai eu plusieurs fois au bout de huit ou neuf mois.

SECONDE EXPÉRIENCE.

Un tube que l'on a frotté avec la main demeure communément une demie-heure ou trois-quarts d'heure électrique , quoiqu'on le tienne en plein air , pourvu qu'on ne l'agite point trop , & qu'on le tienne seulement par une de ses extrêmités.

TROISIEME EXPÉRIENCE.

Un globe de verre, ou de soufre, qu'on a fortement électrisé en le frottant, & qui demeure suspendu par les deux pointes entre lesquelles on l'a fait tourner, ne perd toute sa vertu qu'après 5 ou 6 heures assez souvent.

QUATRIEME EXPÉRIENCE.

Un tube de verre plein d'eau qu'on a fortement électrisé par le moyen du globe, & qu'on laisse isolé & suspendu sur les fils de soie, est encore électrique dix ou douze heures après, & l'on peut le toucher plusieurs fois avec le doigt sans qu'il perde toute sa vertu.

CINQUIEME EXPÉRIENCE.

Mais un morceau de métal, de bois, de pierre, &c. qu'on a rendu électrique par communication, le tube (a) lui-même qui a servi à élec-

(a) On a remarqué quelquefois à l'égard du tube, qu'il étoit encore un peu électrique dix ou douze heures après avoir été frotté, quoiqu'on l'eût posé sur des corps non-électriques; mais cela n'arrive pas communément, & quand

trifer, perd bientôt toute fa vertu s'il eft
manié dans toute fa furface, ou qu'on
le repofe fur une table, fur un lit, &c.

SIXIEME EXPÉRIENCE.

Une verge de fer, ou une corde
électrifée, ceffe de l'être ordinairement quand on y touche avec la
main, ou avec tout autre corps non-
électrique.

Il en eft de même d'un homme à
qui l'on a communiqué l'Electricité,
à moins qu'on ne répare cette vertu
à mefure qu'il la perd, comme il arrive quand il la reçoit d'un globe que
l'on continue de frotter.

Cependant il s'eft trouvé des cas
où un homme étoit tellement électrifé, qu'il ne ceffa point de l'être,
quoiqu'il defcendît un inftant du gâteau de réfine fur lequel il étoit monté ; ou quoiqu'il touchât avec fa
main, ou avec fon pied, des corps
qui n'étoient point électriques.

J'ai obfervé auffi plufieurs fois
qu'une barre de fer qui pefoit qua-

cela arrive, on n'apperçoit jamais qu'une Electricité très-foible.

tre-vingt livres , & qui avoit été long-
temps & fortement électrifée , pouvoit
être touchée plus de quinze fois fans
perdre toute fa vertu.

SEPTIEME EXPÉRIENCE.

Ayant électrifé une cucurbite de verre à demi-pleine d'eau, en fuivant le
procédé qui eft décrit dans la feconde
Queftion, *fig.* 10. je trouvai & la liqueur & le vafe encore électriques tren-
te-fix heures après , quoique je l'euffe
beaucoup manié , & que je l'euffe laiffé
fur une table qui n'étoit point ifolée.

Réponfe à la cinquieme Queftion.

De tous ces faits on peut conclure:
1° Que l'Electricité n'eft point un état
permanent ; qu'elle s'affoiblit & qu'elle
ceffe d'elle-même après un certain
temps , fuivant le degré de force
qu'on lui fait prendre, & la nature des
matieres dans lefquelles on la fait
naître.

2° Qu'un corps électrifé perd
communément toute fa vertu par
l'attouchement de ceux qui ne le font
pas.

3°

3° Que dans le cas d'une forte Electricité , ces attouchements ne font que diminuer la vertu du Corps électrisé , & ne la lui font perdre entiérement qu'après un espace de temps qui peut être assez considérable.

VI. QUESTION.

L'Electricité est-elle une qualité abstraite , ou l'action de quelque matiere invisible qui soit en mouvement autour du corps électrisé?

PREMIERE EXPÉRIENCE.

Quand on approche le visage , ou le revers de la main , à cinq ou six pouces de distance d'un tube de verre, ou d'un globe électrisé , on sent des attouchements assez semblables à ceux d'une toile d'araignée qu'on rencontreroit flottante en l'air.

SECONDE EXPÉRIENCE.

Ayant fortement électrisé une grosse barre de fer, je ressentois tout autour d'elle une impression que l'on pouvoit comparer à celle d'un duvet de plume, ou d'une enveloppe de coton légé-

F

rement cardé, & de l'extrêmité de cette barre il partoit un fouffle qui faifoit
onduler les liqueurs qu'on y préfentoit,
& qu'on reffentoit très-fenfiblement à
douze ou quinze pouces de diftance.

TROISIEME EXPÉRIENCE.

Si l'on paffe brufquement le revers
de la main le long d'un tube de verre nouvellement frotté, on entend
un pétillement qui reffemble au bruit
que fait un peigne fin, quand on
paffe le bout du doigt d'un bout à
l'autre fur l'extrêmité de fes dents.

QUATRIEME EXPÉRIENCE.

Un Corps fortement électrifé par
communication, étincelle de toutes
parts quand on en approche de fort
près le doigt, ou un autre corps non-
électrique; & ces étincelles font fenfibles jufqu'à la douleur.

CINQUIEME EXPÉRIENCE.

Si l'on porte le nez vers l'extrêmité
d'une barre de métal qu'on électrife par
le moyen du globe de verre, on fent une

odeur qui tient de celle du phofphore d'urine , & un peu de celle de l'ail.

SIXIEME EXPÉRIENCE.

Un tube fortement frotté dans un lieu obfcur , répand des taches lumineufes fur les Corps non-électrifés , qui l'environnent à une petite diftance.

Réponfe à la fixieme Queftion.

Il eft donc de toute évidence que les attractions , répulfions , & autres phénomenes électriques , font les effets d'un fluide fubtil, qui fe meut autour du corps que l'on a électrifé , & qui étend fon action à une diftance plus ou moins grande , felon le degré de force qu'on lui a fait prendre. Car une fubftance qui touche , que l'on entend agir , qui fe rend vifible en certains cas , & qui a de l'odeur , peut-elle être autre chofe qu'une matiere en mouvement ?

VII. QUESTION.

Ce fluide qui eft en mouvement autour du Corps électrifé , ne feroit-ce point l'air de l'athmofphere , agité d'une certaine façon par le corps que l'on a frotté ?

F 2

PREMIERE EXPÉRIENCE.

Suspendez un ruban ou un fil au milieu d'un récipient de machine pneumatique ; ôtez-en l'air le plus exactement qu'il sera possible ; ce ruban ou ce fil, quoique placé dans le vuide, obéira encore aux impressions d'un tube ou d'un autre corps fortement électrique, que vous en approcherez.

SECONDE EXPÉRIENCE.

Faites tourner rapidement dans le vuide une boule de soufre, ou un globe de verre de trois pouces ou environ de diametre, de maniere qu'en tournant il soit frotté par quelque lame à ressort, garnie de drap ou de papier gris, replié plusieurs fois sur lui-même. *Fig.* 8. Ce globe nonobstant la plus grande raréfaction d'air, devient électrique ; ce que l'on apperçoit aisément, parce qu'il attire des fils, ou autres corps légers suspendus à quelque distance de lui dans le même vaisseau.

TROISIEME EXPÉRIENCE.

Mettez à deux pieds de distance

l'une de l'autre (*a*) une bougie allu-
mée & une petite feuille d'or fufpendue avec un fil fin. Placez jufte-
ment dans le milieu des deux un tube
de verre bien électrifé.

Vous remarquerez que l'Electricité
du tube agira fenfiblement fur la feuille de métal, & qu'elle ne fera pas faire
le moindre mouvement à la flamme
de la bougie. Si l'air étoit en mouvement, demeureroit-elle auffi tranquil-
le ? Ajoutons encore quelques obfervations à ces expériences.

PREMIERE OBSERVATION.

La matiere électrique porte une
odeur très-remarquable ; l'air par lui-
même n'en a point : un certain mouvement qu'il recevroit lui en pourroit-il
donner ?

SECONDE OBSERVATION.

La matiere électrique s'enflamme,
éclaire & brûle, comme on le verra par
la fuite. L'air n'eft point capable de
ces effets.

(*a*) Si l'on mettoit moins de diftance entre
la bougie & la feuille d'or, on courroit rifque
de manquer l'Expérience, parce que le tube
placé au milieu, entre l'une & l'autre, feroit
défélectrifé par la flamme.

TROISIEME OBSERVATION.

Nous verrons bientôt que quand un Corps est électrifé, il en émane & il vient à lui une matiere qui n'est point de l'air, & à qui l'on ne peut se dispenser d'attribuer les effets de l'Electricité.

QUATRIEME OBSERVATION.

Nous verrons encore que la matiere électrique passe à travers les vaisseaux de verre, & autres matieres compactes que l'air ne pénetre pas.

Réponse à la septieme Question.

Ainsi nous concluons, que la matiere électrique n'est point l'air de l'athmosphere agité par le corps électrique, mais un fluide distingué de lui, puisqu'il a des propriétés essentiellement différentes ; & plus subtil que lui, puisqu'il pénetre un récipient de verre.

VIII. QUESTION.

La matiere électrique se meut-elle en forme de tourbillon autour du Corps qui est électrifé ?

Nous entendons ici par *mouvement de tourbillon* celui d'un fluide dont les parties décrivent des cercles autour d'un centre commun , ou bien des fpires par lefquelles elles s'éloignent ou s'approchent du corps autour duquel elles font leurs révolutions.

Puifque les corps légers qui s'approchent & qui s'éloignent du corps électrique, fe meuvent ainfi en vertu d'un fluide fubtil qui les pouffe , comme l'expérience nous l'a fait conclure à la fin de la fixieme Queftion , c'eft par la maniere dont fe meuvent ces petits corps vifibles , que nous devons juger du mouvement propre au torrent invifible qui les dirige ; c'eft la pouffiere qui tournoie , qui m'apprend que le vent tourbillonne ; & les gens de mer qui voient de loin tourner un vaiffeau malgré lui , favent fort bien que ce mouvement forcé lui vient d'une eau qui va par un mouvement femblable fe précipiter dans un gouffre.

PREMIERE EXPÉRIENCE.

Répandez fur une table de bois , bien unie & bien feche , des corps légers de toutes efpeces, les uns plus petits que les autres, & préfentez au-deffus un tube bien électrifé, vous pourrez remarquer :

Premiérement que les plus petits, fur-tout ceux qui feront minces & tranchants, comme les fragments de feuille d'or s'élanceront, foit de la table au tube, foit du tube vers la table, prefque toujours en lignes droites.

Secondement, ceux qui ont un peu plus de volume, ou qui font d'une figure plus arrondie, comme les boulettes de coton, le duvet de plume, &c. fouffrent le plus fouvent quelques détours ; mais ces détours font irréguliers, tantôt à droite, tantôt à gauche, & n'annoncent point du tout l'impulfion d'un fluide qui circule.

Il fe trouvera bien quelque cas particulier, où la pefanteur du Corps attiré, combinée d'une certaine façon avec l'effort du fluide électrique, qui caufe cette forte d'attraction, fera voir une courbe, dont l'imagination fera bientôt une parabole, ou une portion d'ellipfe ; mais qu'on y faffe attention, on verra que cet effet vient des circonftances, & que
l'Electricité

l'Electricité agiffant feule tend à porter les corps en ligne droite, foit quand ils paroiffent attirés, foit quand ils font repouffés.

SECONDE EXPÉRIENCE.

Tenez d'une main un tube fortement électrifé, & avec l'autre main préfentez-lui un fil de foie que vous tiendrez feulement par un bout. De quelque façon que vous teniez ce fil, vous obferverez qu'il fe dirigera toujours dans une ligne droite qui tend au tube.

Cette expérience fe fait encore mieux quand on préfente le fil à une barre de fer, que l'on électrife par le moyen du globe de verre.

TROISIEME EXPÉRIENCE.

Sous une barre de fer fufpendue horizontalement, & que l'on continue d'électrifer médiocrement, préfentez une feuille d'or fin, qui ait environ un pouce & demi en quarré; préfentez-la par fon tranchant, en la tenant fur un carton, ou fur une feuille de papier, & fuivez-la

G

quelque temps , en tenant le doigt
ou la main deſſous.

Vous verrez aller & venir cette
feuille entre votre doigt & la barre
de fer ; & avec un peu d'attention &
d'habitude , vous parviendrez à la
faire demeurer ſuſpendue quelques
pouces au-deſſous de la barre de fer :
alors elle n'aura d'autre mouvement
que de ſe promener comme en ſau-
tant tout le long de la barre électrifée. (*a*)

Réponſe à la huitieme Queſtion.

A juger des mouvements de la matiere électrique par ceux qu'elle imprime , & par ſes effets les plus conſ-
tants & les plus réglés , il paroît donc
qu'elle ne circule point , & que l'athmoſphere qu'elle forme autour du
Corps électriſé , n'eſt point un tourbillon dans le ſens que nous avons
expliqué ci-deſſus.

(*a*) Cette expérience qui eſt très-jolie, eſt
de M. le Cat , Chirurgien-Major de l'Hôtel-
Dieu de Rouen, & Correſpondant de l'Académie Royale des Sciences de Paris.

IX. QUESTION.

Le fluide subtil, que nous nommons matiere électrique, vient-il du corps électrisé comme d'une source qui le lance de toutes parts ; ou bien va-t-il à lui comme à un terme où il tend de tous côtés ; ou bien enfin le même rayon de cette matiere part-il du Corps électrique pour y revenir aussi-tôt ?

Ce qui donne lieu à cette question, c'est qu'on voit toujours un Corps électrique attirer & repousser en même temps différents corpuscules, ou le même successivement ; & l'on sait, par ce qui a été dit ci-dessus, que l'un & l'autre mouvement est l'effet d'une véritable impulsion.

PREMIERE EXPERIENCE.

Que l'on éleve sur le bord d'une table un petit monceau de cette poussiere de bois que l'on met sur l'écriture, & qu'on en approche le bout d'un bâton de cire d'Espagne, ou un morceau d'ambre nouvellement frotté. On verra distinctement une partie de cette poussiere s'élancer vers le Corps électrique, tandis

G 2

que d'autres particules du même monceau prendront d'abord une direction toute oppofée.

SECONDE EXPÉRIENCE.

Si l'on met fur la main d'un homme qu'on électrife, un carton couvert de fragments de feuilles de métal, & que fous la même main de cet homme on préfente de pareils fragments à cinq, ou fix pouces de diftance, on remarquera que ceux-ci feront attirés, tandis que les autres s'élanceront en l'air; les uns viendront avec vivacité au Corps électrifé, les autres s'en écarteront avec la même activité.

TROISIEME EXPÉRIENCE.

Laiffez tomber fur un tube, fur une boule de foufre médiocrement électrique, une feuille de métal de la grandeur d'un petit écu, un duvet de plume, des petits bouts de fil fort menus, vous obferverez très-fouvent qu'une partie de chacun de ces Corps paroît comme collée au Corps électrique, pendant que l'autre paroît foulevée & comme entraînée.

Ces effets deviendront plus fenfibles fi vous préfentez le bout du
doigt vis-à-vis de la partie adhérente;
& fi vous examinez la chofe avec
attention, vous verrez que l'humidité ou l'inégalité des furfaces n'a aucune part à cet effet, comme on pourroit le foupçonner.

QUATRIEME EXPÉRIENCE.

Répandez fur une barre de fer fufpendue horizontalement, du tabac
rapé un peu fec, ou de la pouffiere
de bois, ou du fon de farine; élec-
trifez-la enfuite. (a) Les parties les
plus groffieres de ces poudres feront
enlevées dans l'inftant, mais toute
la furface demeurera encore toute
couverte des particules les plus fi-
nes, qui feront cependant emportées
comme les autres, fi vous les raffem-
blez en un petit tas.

(a) Pour exécuter plus commodément cette
expérience, il faut que quelqu'un tienne avec
la main le bout de la barre pendant qu'on
commence à frotter le globe, afin que lorfqu'on ceffera de la toucher elle devienne tout
à coup fort électrique, & qu'on voie la pouffiere partir tout à la fois.

G 3

CINQUIEME EXPÉRIENCE.

Laiffez tomber fur un tube électrifé une petite feuille de métal, &
lorfqu'elle aura été repouffée en l'air,
fuivez-la en tenant le tube deffous ;
cette petite feuille demeurera fufpendue au - deffus du tube, à dix-huit
pouces ou deux pieds de diftance, &
ne fera attirée de nouveau que quand
vous l'aurez touchée avec le doigt
ou avec quelque autre corps non-électrique.

SIXIEME EXPÉRIENCE.

Si vous mouillez avec de l'efprit-
de-vin une barre qu'on électrife, cette liqueur fe diffipera en une petite
pluie prefque infenfible ; mais pendant cette diffipation la barre de fer
n'en attirera pas moins les corps légers qui fe trouveront à fa portée.

SEPTIEME EXPÉRIENCE.

Quand on a fortement électrifé un
globe de verre, & que l'on continue
de le frotter en le faifant tourner
dans un lieu obfcur, fi l'on en
approche le doigt, un écu, un mor-

ceau de bois, & généralement toutes
fortes de corps folides ou fluides , on
voit fortir diftinctement de ces corps
une matiere enflammée qui tend au
globe électrifé , & qui forme un petit
torrent continuel , compofé de plufieurs petits jets, plus ou moins animés , felon que le globe eft plus ou
moins électrique , ou felon la nature
des matieres d'où ils fortent.

C'eft un fait conftant , (& cette
remarque eft de conféquence pour
ce que nous avons à dire dans la fuite) que les matieres fulphureufes ,
graffes , réfineufes , fourniffent toujours beaucoup moins de cette matiere lumineufe que toutes les autres.

Réponfe à la neuvieme Queftion.

Ces expériences prouvent affez
clairement : 1° Que la matiere
électrique s'élance du corps électrifé , & qu'elle fe porte progreffivement aux environs jufqu'à une
certaine diftance , puifqu'elle emporte les corps légers qui font à la
furface du corps électrifé , & qu'elle
foutient à la hauteur de dix-huit

G 4

pouces, ou plus, au-deſſus du tube électrique, la petite feuille de métal qu'elle emporte.

2° Qu'une pareille matiere vient au Corps électrique, remplacer apparemment celle qui en ſort ; car un Corps ne s'épuiſe pas pour être continuellement électriſé ; & comment ne s'épuiſeroit-il pas à la fin, ſi rien ne réparoit les émanations qu'il fournit ? Les corpuſcules ou les parties des corps qui demeurent appliqués à la ſurface électrique, tandis que les autres ſont enlevés, ſont des marques ſenſibles de l'exiſtence de cette matiere, & de la direction de ſon effort.

3° Que ces deux courants de matiere qui vont en ſens contraires, exercent leurs mouvements en même temps ; puiſque le même corps électriſé attire & repouſſe tout à la fois.

La derniere Expérience que j'ai rapportée, prouve encore que cette matiere qui ſe porte au corps électriſé, lui vient non-ſeulement de l'air qui l'entoure, mais auſſi de tous les autres corps qui peuvent être dans fon voifinage. Dans le cas d'une Electricité foible, cette matiere qui vient des Corps environnants, demeure invifible, apparemment parce qu'elle n'a ni affez de denfité, ni affez de vîteffe pour s'enflammer; mais lorfque l'Electricité eft plus forte, on l'apperçoit vifiblement s'élancer du corps non-électrique vers le corps électrifé, comme nous aurons lieu de le dire ci-après. (a)

X. QUESTION.

Les endroits par lefquels la matiere électrique s'élance du Corps électrifé, font-ils en auffi grand nombre que ceux par lefquels rentre celle qui vient des Corps environnants ?

En confidérant qu'un Corps qu'on électrife ne s'épuife point par les émanations continuelles qu'il fournit, on feroit tenté de croire qu'il y a autant de paffages ouverts pour

(a) L'exiftence des deux courants de matiere électrique fimultanés, a été encore bien prouvée depuis par les expériences fur la tranfpiration forcée, rapportées dans le 5e *difcours des Recherches fur les caufes particulieres des Phénomenes électriques.*

la matiere qui rentre que pour celle
qui sort. Mais quoique le raisonnement
nous, conduise assez naturellement à
cette conséquence, ne nous y rendons
point cependant sans avoir auparavant consulté l'expérience ; car il
pourroit se faire un juste remplacement des émanations électriques, quoique les pores du Corps électrisé ne
fussent point ouverts en nombre égal
pour la matiere qui rentre & pour
celle qui sort. Ne sait-on pas qu'un
vaisseau qui se vuide par une seule
ouverture, peut se remplir en même
temps par plusieurs autres, plus petites ou égales, pourvu que l'écoulement & le remplissage se fassent avec
des vîtesses proportionnées ?

OBSERVATION.

Quand j'électrise une barre de
fer, sur laquelle j'ai répandu du son
de farine, je vois d'abord toutes les
parties les plus grossieres emportées par la matiere électrique qui
s'élance du Corps électrisé ; mais
j'observe constamment aussi, que
toute la surface du fer (quoiqu'é-

lectrique) demeure couverte d'une
poussiere impalpable ; si ces derniè-
res particules qui sont comme ad-
hérentes au fer (& d'autres effets
semblables que j'ai rapportés ci-
dessus) me désignent l'action d'u-
ne matiere qui vient au Corps électrisé , comme celles qui s'envolent
me font connoître l'effort d'une matiere qui sort : en comparant le nombre des parties restantes avec celui des
parties qui sont emportées, j'ai tout
lieu de croire que les filets de ce fluide
invisible , qui tendent au Corps électrisé) surpassent de beaucoup en
nombre ceux qui émanent de ce même
corps.

Réponse à la dixieme Question.

Cette observation nous dispose
donc à penser que les pores par lesquels la matiere électrique s'élance
du Corps électrisé , ne sont pas en
aussi grand nombre que ceux par lesquels elle y rentre. Cette proposition
sera confirmée par les faits que nous
rapporterons dans la question suivante.

XI. QUESTION.

Chaque pore du Corps électrisé par où la matiere électrique s'élance, ne fournit-il qu'un rayon ; ou ce rayon se divise-t-il en plusieurs ?

Pour être en état de répondre à cette question d'une maniere décisive, tâchons de rendre visibles ces émanations dont nous ne connoissons encore l'existence que par leurs effets ; rendons-les lumineuses, & alors l'œil le moins attentif sera frappé de leur forme & des mouvements qu'elles affectent.

PREMIERE EXPÉRIENCE.

Electrisez dans un lieu obscur, par le moyen du globe de verre, une verge de fer qui ait deux ou trois pieds de longueur, & trois ou quatre lignes d'épaisseur ; tant que vous continuerez d'électriser, vous verrez sortir par le bout de cette verge le plus éloigné du globe, une ou plusieurs aigrettes de matiere enflammée, dont les rayons partant d'un point, affectent toujours une très-grande divergence entr'eux.

SECONDE EXPÉRIENCE.

Répandez un grand nombre de grosses gouttes d'eau fur cette barre de fer, que je fuppofe fufpendue horizontalement ; & pendant qu'on l'électrifera, paffez le plat de la main à quelques pouces de diftance au-deffus, au-deffous, ou à côté ; de toutes les gouttes d'eau vous verrez fortir autant d'aigrettes lumineufes femblables à celles dont on vient de parler.

TROISIEME EXPÉRIENCE.

Au lieu de gouttes d'eau, mettez fur la barre de fer des petits tas de quelque pouffiere, ou du tabac rapé : dans le moment que le fer devient électrique, la pouffiere s'envole ; mais vous obferverez qu'elle s'élève toujours en forme de gerbe, & qu'elle repréfente en grand l'aigrette de matiere électrique dont elle fuit vraifemblablement l'impulfion.

QUATRIEME EXPÉRIENCE.

Qu'on électrife un homme qui foit

debout fur un gâteau de réfine ; que cet homme préfente le bout de fon doigt à quelques pouces de diftance, vis-à-vis la main nue ou le vifage d'une autre perfonne non-électrique, toujours dans un lieu obfcur. On verra au bout du doigt de cet homme électrifé, une belle gerbe de matiere enflammée, encore plus grande & plus brillante que celle qu'on voit au bout de la verge de fer. Cette expérience demande une électricité continue & un peu forte ; ce qui ne peut fe faire qu'avec le globe de verre.

CINQUIEME EXPÉRIENCE.

Si vous placez au bout de la verge de fer, ou fur la main de la perfonne qu'on électrife, un petit vafe plein d'eau qui s'écoule goutte à goutte par le moyen d'un petit fiphon, ou autrement, ce vafe électrifé par communication, aura un écoulement continu, & cet écoulement fe divifera en plufieurs petits jets divergents, comme ceux que forme un arrofoir.

Réponfe à la onzieme Queftion.

Toutes ces expériences nous font

voir, 1° que la matiere électrique
sort du corps électrifé en forme de
bouquets ou d'aigrettes, dont les
rayons divergent beaucoup entre
eux.

2° Qu'elle s'élance avec la même
forme des endroits même, où elle
demeure invisible, puisque cette
forme est représentée par le mouvement imprimé à la poussiere qu'on
répand sur la barre de fer, & à l'eau
qui s'écoule du vase.

3° Que les bouquets ou aigrettes de matiere électrique s'élancent
par des pores assez distants les uns
des autres, comme on peut le voir
par l'expérience de la barre de fer
couverte de gouttes d'eau.

Par cette troisieme conséquence
je ne prétends point dire qu'il n'y ait
d'aigrettes que celles qui s'enflamment & que l'on voit ; je pense au
contraire qu'il y en a beaucoup d'autres qui demeurent invisibles, parce
qu'elles ne sont point animées d'un
degré de mouvement assez considérable pour les faire briller aux yeux.

Je conviendrai encore volontiers
que dans le nombre des pores par

lefquels la matiere électrique fort du corps électrifé, il peut y en avoir plufieurs qui ne fourniffent que des jets fimples, ou divifés en un très-petit nombre de filets ou rayons affez différents de ces bouquets épanouis qu'on voit au bout de la barre de fer.

Enfin j'imagine auffi que la matiere électrique ne s'élance pas toujours par les mêmes endroits du Corps électrifé, mais qu'elle fe fait jour tantôt par celui-ci, tantôt par celui-là, fuivant que certaines circonftances favorifent plus ou moins fon mouvement ou fes éruptions: comme un fluide forcé qui s'élance à travers le tiffu d'une enveloppe, & dont les jets s'épanouiffent en fortant, foit par la difpofition des trous qui leur donnent paffage, foit par des obftacles qu'ils rencontrent immédiatement après leur fortie. (a)

La

(a) J'ai prouvé depuis la premiere Edition de cet Ouvrage, dans mes *Recherches fur les caufes particulieres des Phén. Elect.* pag. 248, que la matiere élect. prend la forme d'aigrettes à caufe de la réfiftance de l'air qu'elle rencontre en fortant.

La *fig.* 11 repréſente une barre de fer électriſée, hériſſée de la matiere électrique qui en ſort : c'eſt l'idée que je m'en ſuis faite après une longue ſuite d'expériences & d'obſervations réfléchies ; & ce qui m'enhardit à l'expoſer ici, c'eſt qu'elle a été adoptée par les perſonnes qui ont le plus travaillé ſur cette matiere.

COROLLAIRE.

Si la matiere *effluente* (*a*) s'élance par des pores plus rares que ceux par où rentre la matiere *affluente*, comme il y a lieu de le penſer après les expériences rapportées dans cette queſtion & dans la précédente, il s'enſuit que celle-ci a moins de vîteſſe que celle-là ; puiſqu'en ſuppoſant que l'une ne fait que remplacer l'autre, dans un temps donné, il paſſe de la premiere, par un plus petit nombre de pores, une quantité égale à ce qui rentre de la derniere par un plus grand nombre de paſſages.

(*a*) J'appelle *matiere effluente*, celle qui s'élance en forme d'aigrettes du dedans au dehors du corps électriſé ; & je nomme *matiere affluente*, celle qui vient de toutes parts à ce même corps, tant que dure ſon électricité.

H

XII. QUESTION.

La matiere électrique qui porte ses impressions à plusieurs pieds de distance du corps électrisé, & qui demeure invisible, est-elle la même que celle qui paroît en forme d'aigrettes lumineuses à la surface ou aux angles de ce même corps ?

OBSERVATION.

Les aigrettes lumineuses font sur la peau une impression tout-à-fait semblable à celle qu'on ressent quand on approche le visage ou la main d'un corps fortement électrisé, qui ne jette point de lumiere ; de sorte qu'un aveugle à qui l'on feroit faire cette épreuve, ne pourroit point dire avec certitude si ce qu'il ressent vient ou d'une aigrette enflammée, ou d'une matiere que les yeux n'apperçoivent point.

PREMIERE EXPÉRIENCE.

Electrisez fortement une barre de fer, de façon qu'il paroisse au bout une ou plusieurs aigrettes lumineuses, *fig.* 11 ; présentez le visage ou le revers de la main à cinq ou six pouces de distance , vis-à-vis de cette aigrette emflammée.

Vous ressentirez un petit souffle qui augmentera ou qui s'affoiblira , selon que cette aigrette lumineuse deviendra plus ou moins forte , ou que vous en approcherez à une plus ou moins grande distance.

Quelquefois ce petit vent se fait sentir sans que l'aigrette paroisse , mais il devient toujours plus fort qu'il n'étoit, dès qu'elle vient à briller ; ce qui prouve assez clairement que cette lumiere qu'on apperçoit, vient seulement d'une plus grande activité dans la même matiere.

SECONDE EXPÉRIENCE.

Ayant électrisé une barre de fer dont le bout faisoit une aigrette lumineuse dans un lieu obscur , j'en ai fait approcher à deux pieds de distance , vis-à-vis l'aigrette, une personne qui étoit vêtue d'une étoffe tissue d'argent, & j'ai remarqué bien des fois sur cette étoffe des taches de feu, qui me sembloient être l'extrêmité des rayons prolongés de l'aigrette, dont la lumiere étoit rani-

H 2

mée par la rencontre d'un corps vivant couvert d'un tissu métallique. On aura lieu de voir bientôt comment cette circonstance peut ranimer la lumiere de ces rayons prolongés & éteints.

TROISIEME EXPÉRIENCE.

Pour savoir si ces taches de feu étoient véritablement les extrêmités ranimées des rayons prolongés de l'aigrette, j'ai fait approcher à plusieurs fois, & de plus en plus, la personne sur qui elles paroissoient, & j'ai vu que ces taches s'approchoient aussi les unes des autres ; ce qui devoit arriver si elles étoient causées, comme je le pensois, par des rayons divergents.

Cette expérience ne réussit pas également avec toutes sortes d'étoffes d'or ou d'argent ; celles dont le tissu est uniforme, & dans lesquelles on a employé le métal trait, valent mieux que les autres : les moires doivent être choisies par préférence.

Réponse à la douzieme Question.

Il y a donc toute apparence que

cette matiere invisible qui agit beaucoup au-delà des aigrettes lumineuses, n'est autre chose qu'une prolongation de ces rayons enflammés, & que toute matiere électrique dont le mouvement n'est point accompagné de lumiere, ne differe de celle qui éclaire ou qui brûle, que par un moindre degré d'activité.

Feu M. du Fay a conclu tout au contraire (a); mais il n'avoit point vu les faits que je viens de citer, & je pense que ceux sur lesquels il a établi son opinion, & qui la rendoient vraisemblable alors, peuvent aisément se concilier avec la mienne, comme je pourrai le faire voir dans un Ouvrage plus étendu que celui-ci. L'expérience du mercure dans le vuide que cet habile Physicien a citée (b) comme une de ses plus fortes preuves, se réduira si l'on veut à nous faire connoître que le frottement qui détermine la matiere électrique à se mouvoir, n'est pas le seul moyen que l'on ait de la rendre lumineuse.

(a) *Mémoires de l'Académie des Sciences,* 1734. p. 525. §. 15.   (b) *Ibid. pag.* 517.

XIII. QUESTION.

La matiere électrique , tant affluente qu'effluente , pénetre-t-elle tous les Corps solides ou fluides qu'elle rencontre dans son passage ; ou bien ne fait-elle que glisser sur leur surface ?

PREMIERE EXPÉRIENCE.

Electrisez , par le moyen du globe, une barre de fer ou un homme dans un lieu obscur , jusqu'à ce qu'il en sorte des aigrettes lumineuses ; considérez attentivement les endroits d'où partent ces rayons enflammés, & vous verrez que ces émanations viennent de l'intérieur du Corps électrisé , aussi évidemment qu'un jet d'eau paroît sortir de son ajutage.

M. Waitz , dans un ouvrage que l'Académie de Berlin a couronné ; après avoir rapporté cette expérience, ajoute, §. 103 : » Si quelqu'un prétend qu'il se fasse une émission réelle de ces rayons hors du fer ou du » corps électrisé , nous ne serons » point de son avis , à moins qu'il ne » nous apprenne par des raisons convenables pourquoi il ne nous pa-

» roît pas de ces rayons de feu auffi
» bien au bout d'un fer émouffé , &
» dans tout le refte de fa furface ;
» c'eft cependant une chofe reconnue
» qu'un Corps liquide qui eft forcé de
» s'écouler , prend fon principal écou-
» lement par où il trouve les plus
» grandes ouvertures ; ce qui ne peut
» aucunement fe dire d'une pointe. «

J'avoue que j'ai été très-furpris de
trouver cette doctrine dans un Ecrit
dont l'Auteur ne paroît pas nouvellement initié dans la matiere qu'il
traite , & qui contient d'ailleurs beaucoup d'excellentes obfervations & de
raifonnemens ingénieux & plaufi-
bles : j'aurois même regardé cet endroit comme une faute de traduction ,
(a) fi des lettres que j'ai reçues d'Allemagne ne m'avoient appris pofi-
tivement que M. Waitz avoit avancé
& foutenoit cette opinion.

On fuppofe donc que ces rayons
lumineux qui forment les aigrettes ,
au lieu d'être autant d'émanations
divergentes qui s'élancent du corps

(a) L'Ouvrage eft écrit en Allemand ; j'ai
été obligé , n'entendant pas cette langue , de
le faire traduire par une perfonne qui n'étoit
pas bien au fait de la matiere qui y eft traitée.

électrifé, font au contraire des filets
de matiere affluente qui convergent
à la pointe de ce même corps, &
l'on demande des preuves du contraire à quiconque ne voudroit pas em-
braffer cette penfée ; mais fi quelqu'un eft obligé d'entrer en preuves,
n'eft-ce pas celui qui avance une
nouveauté ? Or j'ofe dire que c'en
eft une qui eft contre toute apparence, de prétendre que les aigrettes lumineufes qu'on voit au bout
d'une verge de fer électrifée, foient
les rayons d'une matiere enflammée
qui fe porte de l'air environnant au
corps électrique : car de tous ceux qui
ont répété, ou feulement vu cette
expérience, je n'ai jamais rencontré
perfonne qui en eût le moindre foup-
çon ; je doute même que cette opinion, quoiqu'appuyée maintenant
de l'autorité d'un habile homme,
puiffe fe faire beaucoup de partifans.

A quelqu'un qui me diroit, en me
montrant un jet d'eau : » cette eau qui
» vous paroît jaillir, ne fort pas du
» tuyau qui eft à fleur du baffin ; elle
» s'y précipite au contraire pour y en-
» trer : ne ferois-je pas en droit de ré-
» pondre

pondre : ce que je crois voir , tout le monde le croit comme moi ; ce que vous prétendez de contraire , vous le prétendez feul , je n'en croirai rien fi je n'en vois des preuves. Mais fi au lieu de m'en donner , on en exigeoit de moi pour autorifer le fentiment commun , je difois à mon adverfaire : approchez-vous du jet d'eau qui fait l'objet de notre difpute ; regardez attentivement , & remarquez, malgré la rapidité du mouvement , qu'on ne laiffe pas d'appercevoir diftinctement que le fluide eft dirigé de bas en haut. J'ajouterois à cela : portez la main dans le jet , & vous fentirez une impulfion qui vous apprendra de quel côté vient l'eau. Difons donc à peu près la même chofe à M. Waitz.

OBSERVATIONS.

Obfervez attentivement les aigrettes lumineufes , non pas celles qui font foibles & dont les rayons font courts , non pas celles qui fortent du cuivre ou de l'argent , parce que les rayons plus ferrés & prefque confondus , ne forment prefque qu'une

I

flamme dont il eſt trop difficile de diſtinguer les parties ; mais celles qui s'élancent d'une groſſe barre de fer fortement électriſée , & qui ont aſſez communément deux ou trois pouces de longueur : tout préjugé à part , vous verrez une direction bien marquée , & tout-à-fait contraire à celle que vous prétendez ; en un mot , vous verrez que la matiere enflammée s'élance réellement du corps électriſé dans l'air. Préſentez enſuite la main ou le viſage à ces émanations , & vous ſentirez un ſouffle qui ne peut être que l'impulſion de cette matiere. Préſentez-y un vaſe plein de liqueur , (d'eſprit de vin, par exemple , (a) ou de ſoufre fondu) & vous remarquerez que les aigrettes en feront onduler la ſurface d'une maniere à vous faire juger qu'elles ſont vraiment dirigées du fer électriſé dans l'air.

En voilà aſſez , je penſe , pour défendre l'opinion commune , ſavoir

(a) On verra dans peu que ces liquides ſont préférables à l'eau , parce que la matiere électrique les pénétrant plus difficilement , exerce ſur eux une plus forte impulſion.

que les aigrettes lumineuses sont des émanations qui s'élancent réellement du corps électrisé. Quant à ce qu'exige M. Waitz, » qu'on lui apprenne pourquoi il ne nous paroît pas de ces rayons de feu aussi bien au bout d'un fer émoussé, & dans tout le reste de sa surface, « il y a une chose toute simple à répondre, c'est que l'on peut voir quand on veut de ces aigrettes de lumiere au bout d'un fer-émoussé, & à tout autre endroit de sa surface. Il est vrai qu'elles paroissent plus volontiers aux angles & aux pointes; (& peut-être en trouvera-t-on la raison dans les Questions suivantes;) mais si l'on électrise fortement une barre de fer qui présente par son extrêmité un quarré, dont chaque côté ait dix-huit lignes ou deux pouces, on verra assez souvent des aigrettes sortir de différents points de cet espace, comme aussi des autres endroits de la surface de cette barre, sur-tout si on les excite en approchant le doigt à quelque distance : & quand cela n'arriveroit pas, en seroit-il moins vrai que les aigrettes qu'on voit au bout

I 2

d'un fer pointu qu'on électrise , ont
leur mouvement du dedans au dehors ? Ces deux faits font-ils donc
néceffairement.liés enfemble ?

» Enfin c'eft une chofe reconnue,
» dit-on, qu'un liquide qui eft forcé
» de s'écouler , prend fon principal
» écoulement par où il trouve les
» plus grandes ouvertures ; ce qui ne
» peut aucunement fe dire d'une
» pointe. « Les pores qui font à la
pointe d'un fer aigu , font-ils moins
ouverts qu'ailleurs ? L'ajutage par
où fort un jet-d'eau peut être con-
fidéré comme la pointe du tuyau de
conduite ; & s'il me plaifoit de regarder la pointe d'une épée qu'on
électrife , comme l'ajutage par où
s'élance principalement la matiere
électrique , quelle preuve me don-
neroit-on du contraire ?

Au refte quoique M. Waitz ne con-
vienne point avec nous , que les
rayons lumineux qui forment des aigrettes , s'élancent du dedans au dehors du corps électrifé , il réfulte toujours de fon opinion , que la matiere électrique a un paffage libre dans
le fer , & dans les autres corps qu'on

électrifé : il la fait paffer du dehors au dedans, nous la faifons mouvoir du dedans au dehors, voilà toute la différence ; lui & moi aurons la même chofe à répondre fur la queftion préfente.

PREMIERE EXPÉRIENCE.

Prenez un vafe de verre un peu large d'ouverture & de cinq ou fix pouces de profondeur, qui foit bien net & bien fec, tant au dedans qu'au dehors ; mettez au fond un carton liffé couvert de fragments de feuilles de métal ; couvrez ce vafe fucceffivement avec un carton, avec une petite planche mince, avec une plaque de métal, avec un morceau de glace de miroir, avec un morceau de vître garni d'un bord de cire, d'abord fans eau, & enfuite couvert d'une couche d'eau de quelques lignes d'épaiffeur, &c. Préfentez audeffus de ce vafe ainfi couvert, un tube électrifé à quelques pouces de diftance ; ou bien portez-le fous l'extrêmité d'une barre de fer fufpendue horizontalement, ou fous la main d'un homme qui foit debout

I 3

fur un gâteau de réfine, & que l'on
électrife avec le globe ; alors vous
verrez les petites feuilles de métal
s'élever au couvercle , & retomber
enfuite à plufieurs reprifes , à peu
près comme il arrive quand on fait
cette expérience en mettant fimplement les corps légers qu'on veut attirer fur une table.

Si l'on prétendoit que ces différents couvercles attirent & repouffent feulement en conféquence d'u-
ne Electricité qui leur eft communiquée par le tube , & non pas en
vertu d'une Electricité qui les traverfe , il fuffiroit d'obferver que
ces mouvements alternatifs des feuilles de métal ont coutume de ceffer
dès qu'on ôte le tube, ce qui ne devroit pas arriver fi le couvercle avoit
pris du tube une Electricité fuffifante pour caufer les effets qu'on apperçoit.

SECONDE EXPÉRIENCE.

Que quelqu'un que l'on électrife
avec le globe, tienne en fa main une
verge de fer ; fi l'expérience fe fait
dans un lieu obfcur , & que l'Elec-

tricité foit un peu forte , il fe fera
une belle aigrette au bout du fer ,
& fi l'on approche d'une perfonne
qui foit vêtue d'une étoffe d'or ou
d'argent , ou qui ait beaucoup de ga-
lons à fon habit , cette perfonne devient étincelante de toutes parts , &
chaque étincelle qui éclate lui fait
fentir à travers de fes habits une piquûre qui va jufqu'à la douleur.

Cette expérience qui prouve in-
conteftablement l'action de la matiere électrique à travers les étoffes ,
préfente un fpectacle admirable. J'ai
vu quelquefois des robes ou des ju-
pes qui devenoient fi lumineufes ,
qu'on en diftinguoit parfaitement
le deffein ; & cette lumiere fe com-
muniquoit à tout un cercle de huit
ou dix Dames, quoiqu'on n'en touchât qu'une ; les étoffes où il y a
beaucoup de trait d'or ou d'argent
réuffiffent mieux que les autres.

TROISIEME EXPÉRIENCE.

Quand on électrife la barre de fer
avec le globe , non-feulement on
voit une aigrette lumineufe au bout
le plus éloigné ; mais on remarque

auffi quelques franges de matiere enflammée qui coulent de l'autre extrêmité qui répond au globe ; & ces
franges augmentent & de rayons &
de vivacité , lorſque quelqu'un approche ou ſa main ou ſon corps des
autres parties de la barre , comme
ſi la matiere électrique qui vient du
corps animé * , ſe joignoit à celle
qui vient de l'air à la barre électriſée , & procuroit par cette addition
un écoulement plus fort & plus
abondant : or ſi cela eſt , il faut qu'elle pénetre le fer ſelon ſa longueur.

QUATRIEME EXPÉRIENCE.

Electriſez un globe de verre dans
lequel il y ait quelques petites par-
celles de bois , de cette rapure , par
exemple , qu'on met ſur l'écriture ;
arrêtez le globe , & préſentez le
bout du doigt deſſous ; vous verrez
tous ces petits corps légers s'élancer de bas en haut , apparemment
parce que la matiere électrique qui
ſort du doigt en la préſence d'un
corps électriſé , les enleve avec elle;

* Voyez la ſeptieme Expérience de la neuvieme
Queſtion.

mais pour les enlever ainſi , il faut qu'elle pénetre l'épaiſſeur du globe.

CINQUIEME EXPÉRIENCE.

Electriſez encore un pareil globe au centre duquel vous ſoutiendrez avec un axe de fil de fer une rondelle de liege d'un pouce ⅓ ou environ de diametre , garnie en ſa circonférence de pluſieurs brins de ſoie plate ; arrêtez enſuite ce globe quand vous l'aurez ſuffiſamment frotté , & vous remarquerez que toutes les ſoies tendent comme autant de rayons à la circonférence de l'équateur (a) ; alors ſi vous préſentez le doigt à quelques pouces de diſtance du globe , celui de ces fils de ſoie qui ſe trouvera vis-à-vis , ſe courbera en s'écartant comme s'il étoit re-

(a) Cette expérience qui eſt d'Hauxbée , eſt une de celles qui ont eu le plus de célébrité. On ajoute encore au ſpectacle qu'elle préſente , quand on entoure l'équateur du globe avec un cercle qui en eſt diſtant de ſept à huit pouces , & que ce cercle eſt garni de pluſieurs fils de ſoie. Car lorſque le verre devient électrique , tous ces fils ſe dirigent vers le centre du globe comme autant de rayons convergents.

pouffé ; & felon toute apparence il
l'eft en effet , par la matiere qui va du
doigt non-électrique au verre électrifé.

Diroit-on que cette foie s'écarte ,
parce que le doigt en ' s'approchant
défélectrife la partie du globe à laquelle elle répond ?

Mais outre que cette foie revient
quand on éloigne le doigt , (ce qui
prouve que le verre eft toujours électrique en cet endroit) s'il avoit cef-
fé de l'être , la foie n'auroit pas dû
s'écarter feulement en fuivant la direction du doigt , elle devroit , à ce
qu'il femble , retomber attirée par
l'Electricité des parties inférieures
du globe , & de plus par l'effort de
fa pefanteur.

Réponfe à la treizieme Queftion.

Il paroît donc par tous les faits
que je viens de rapporter , & par bien
d'autres que je fuis obligé de fuppri-
mer , pour me renfermer dans les
bornes d'un abrégé ; il paroît , dis-
je , que la matiere électrique , tant
celle qui émane des corps électrifés,
que celle qui vient à eux des corps
environnants , eft affez fubtile pour

paſſer à travers des corps les plus durs & les plus compacts, & qu'elle les pénetre réellement.

XIV. QUESTION.

La matiere électrique pénetre-t-elle tous les corps indiſtinctement, avec une égale facilité ; & s'il y a quelque différence, qui ſont ceux qui ſont le moins perméables à cette matiere ?

Il paroît par ce qui a été rapporté dans les Queſtions précédentes, & principalement dans la neuvieme, que l'Electricité eſt l'état d'un corps dans lequel une matiere électrique *affluente* des environs remplace continuellement celle qui en ſort, & que j'ai nommée *effluente* : ainſi quand un corps s'électriſe plus facilement qu'un autre, c'eſt apparemment que la matiere électrique en ſort avec plus de facilité que d'un autre corps, & qu'elle y rentre de même ; & au contraire on peut dire que cette même matiere ne pénetre que difficilement, ſoit pour entrer, ſoit pour ſortir, les corps qu'on a peine à rendre électriques. Or nous avons vu par les expériences rap-

portées dans la feconde Queftion,
que les corps vivants, les métaux, &
généralement tout ce qui ne s'électrife que peu ou point par le frottement, acquiert promptement &
puiffamment l'Electricité par communication, & qu'au contraire le verre, le foufre, les gommes, les réfines, &c. & en général tout ce qu'on
électrife le mieux en frottant, ne
prend qu'une vertu foible, fi on effaie de la lui communiquer. Il eft
donc à préfumer que dans les corps
de la premiere claffe la matiere électrique a des mouvements plus libres,
& qu'au contraire ceux de la feconde claffe font moins perméables pour
elle : c'eft à l'expérience à confirmer
ou à détruire cette préfomption.

PREMIERE EXPÉRIENCE.

Si on effaie d'électrifer un bâton
de foufre ou de cire d'Efpagne, ou
un tube de verre fufpendu comme
la barre de fer avec des fils de foie,
on n'en verra pas fortir communément, comme du métal, ces belles aigrettes lumineufes, & l'on ne fentira pas autour de ces corps ces écou-

lements qui touchent la peau comme un fouffle léger ou des toiles d'araignée : quand on en approchera le doigt, on n'excitera pas ces étincelles vives & brillantes, qu'on voit à la furface d'une barre de fer électrifée ; à peine appercevra-t-on une petite lueur morne & rampante qui ne fe fera prefque pas fentir.

SECONDE EXPÉRIENCE.

Mettez des fragments de feuilles d'or dans un vafe de verre dont l'ouverture foit large ; couvrez-le d'une plaque qui ait 3 ou 4 lignes d'épaiffeur, de réfine, de foufre, de cire d'Efpagne, de cire blanche dont on fait la bougie, & généralement de toute matiere graffe ou réfineufe ; préfentez au-deffus un tube nouvellement frotté, à peine pourrez-vous imprimer quelque léger mouvement d'attraction ou de répulfion aux petites feuilles qui font au fond du vafe ; au lieu qu'elles feroient vivement attirées, fi le vafe étoit couvert de bois, de carton, de métal, &c. comme on l'a vu ci-deffus. *

* Page 101. Premiere expér. de la treizieme Queftion.

TROISIEME EXPÉRIENCE.

Quand on communique l'Electricité à un tube de verre rempli d'air, on a beaucoup de peine à faire paſſer les écoulements électriques d'un bout à l'autre ; il arrive rarement qu'il en ſorte des aigrettes lumineuſes : mais c'eſt tout le contraire ſi ce tube eſt rempli d'eau, ou de limaille de fer ; il étincelle de toutes parts quand on en approche la main, & l'on apperçoit des franges ou des petites gerbes de matiere enflammée aux extrêmités, ſur-tout s'il eſt bouché de part & d'autre avec un morceau de liege, dans lequel on ait fiché un fil de métal de deux ou trois pouces de longueur.

QUATRIEME EXPÉRIENCE.

Prenez une corde de chanvre qui ait trois ou quatre toiſes de longueur, & groſſe à peu près comme une plume à écrire. Attachez-la d'une part à un fil de ſoie long de quinze ou dix-huit pouces, fixé en quelque endroit ; tendez votre corde dans une ſituation horizontale, &

fixez-la de l'autre part à un fil de
foie femblable au premier, de maniere qu'il y en ait un bout qui pende & qui porte une orange, une pom-
me, ou une boule de bois, &c. à
quelques pouces au-defïus d'une table ou d'un fupport, fur lequel vous
mettrez des fragments de feuilles de
métal. Voyez la *fig.* 13. Alors fi vous
approchez le tube électrifé en *A*,
en un inftant toute la corde devient
électrique, & la boule *B* attire & repouffe continuellement les petites
feuilles d'or.

Cette expérience a réuffi avec une
corde de 1256 pieds de France, qui n'é-
toit électrifée que par un tube; * à quelle diftance ne porteroit-on pas l'Electricité, fi on électrifoit une corde plus
longue avec un globe de verre ? (*a*)

* *Mém. de l'Acad. des Sciences.* 1733. *p.* 247.
(*a*) Quand la corde eft fort longue, il faut
la foutenir d'efpace en efpace avec des fils de
foie tendus horizontalement entre deux pi-
quets *C*, *D*.

Il n'eft pas befoin que la corde foit exactement tendue en ligne droite : on peut auffi
lui faire faire plufieurs retours, quand on n'a
point un efpace affez long pour la tendre dans
une feule.& même direction.

CINQUIEME EXPÉRIENCE.

Mais au lieu d'une corde de chanvre, si l'on essaie d'électrifer de même un cordon de soie, ne fût-il que de deux toises de longueur, on ne réussira pas ; ce qui fait bien voir que la matiere électrique ne coule pas avec une égale liberté dans toutes sortes de corps.

Une circonstance qui prouve encore la même chose, c'est-à-dire, la facilité plus ou moins grande, avec laquelle le fluide électrique pénetre certaines matieres, c'est que la corde de chanvre, qui s'électrife toujours quoique seche, devient beaucoup plus électrique quand on la mouille, & celle de soie qui ne l'est point du tout

Cette expérience se fait très-bien en plein air ; mais il est bon que le bout de la corde qui porte la boule soit à couvert, afin que le vent n'agite point les feuilles d'or qui sont dessous.

On peut faire aussi cette expérience avec toute autre chose qu'une corde tendue ; un gros fil ou une chaîne de fer, par exemple, réussit fort bien ; ou si l'on veut, plusieurs personnes qui se tiennent par la main, & qui sont debout sur des gâteaux de résine.

tout dans fon état naturel, le devient un peu moyennant cette préparation.

SIXIEME EXPÉRIENCE.

Quand on préfente le doigt aux aigrettes qui fortent d'une barre de fer électrifée, à deux pouces de diftance ou environ, on peut remarquer que les rayons enflammés deviennent moins divergents qu'ils ne le font naturellement : on les voit fe courber vers le doigt, comme s'ils y trouvoient une entrée plus libre que dans l'air même de l'athmofphere. *Fig.* II.

SEPTIEME EXPÉRIENCE.

Si l'on répete la derniere expérience de la onzieme Queftion, & que l'on préfente le doigt, ou un morceau de métal, aux petits jets divergents qui font animés par la matiere électrique, on les verra diftinctement fe détourner de leur direction ordinaire pour fe porter vers le corps qu'on leur préfente.

HUITIEME EXPÉRIENCE.

Les effets que je viens de rappor-

K

ter dans les deux expériences précédentes, font tout-à-fait différents, fi l'on préfente aux aigrettes lumineufes, ou aux filets d'eau électriques, un morceau de foufre, ou de réfine, à moins que ces corps n'aient été récemment chauffés ou frottés ; encore remarqueroit-on une grande différence entr'eux & le doigt ou le fer , pour détourner ou abforber les émanations électriques.

PREMIERE OBSERVATION.

C'eft ici le lieu de rappeller une remarque que j'ai faite en rapportant la feptieme expérience de la neuvieme Queftion ; favoir , que quand on approche d'un globe qu'on électrife , des matieres fulphureufes , graffes ou réfineufes , il en fort beaucoup moins de cette matiere lumineufe ou enflammée qu'on voit couler de tous les autres corps qui font appliqués à pareille épreuve ; car ce fluide eft une matiere électrique affluente , qui vient , comme on voit, ou plus librement ou plus abondamment d'un corps que d'un autre, fuivant l'efpece.

SECONDE OBSERVATION.

On peut obferver auffi que les rayons électriques qui partent d'un tube ou d'un globe de verre électrifé, & qui ne s'étendent dans l'air qu'à quelques pieds de diftance, fe prolongent prodigieufement quand on leur donne lieu d'enfiler une barre de fer, une corde, une piece de bois, &c. comme il paroît par les expériences rapportées ci-deffus. D'où l'on peut conclure ce qui fuit :

Réponfe à la quatorzieme Queftion.

1° Que la matiere électrique ne pénetre pas tous les corps indiftinctément avec la même facilité, puifque l'expérience fait voir qu'il y en a où elle entre, & dans lefquels elle coule très-aifément, & d'où elle fort de même.

2° Que les matieres fulphureufes, graffes, ou réfineufes, les gommes, la cire, la foie, &c. ne la reçoivent & ne la tranfmettent que peu ou point du tout.

3° Que la matiere électrique pénetre plus aifément, & fe meut avec

K 2

plus de liberté dans les métaux, dans les corps animés, dans une corde de chanvre, dans l'eau, &c. que dans l'air même de notre athmofphere.

XV. QUESTION.

La matiere électrique ne réfide-t-elle que dans certains corps ; ou bien eft-ce un fluide généralement répandu par tout ?

Les expériences que j'ai rapportées dans les queftions qui ont précédé celle-ci, me donnent lieu d'obferver :

1° Qu'un corps n'eft actuellement électrique, que quand il en fort des émanations que j'ai nommées *matiere effluente*, & que ces émanations font continuellement remplacées par un autre courant de matiere, que j'ai appellée *affluente*.

2° Que ces deux matieres *effluente* & *affluente*, font tout-à-fait femblables, & qu'elles ne different entr'elles que par la direction de leur mouvement, puifqu'elles ont prife fur les mêmes corps, qu'elles pénetrent les mêmes milieux, qu'elles font fufceptibles des mêmes obftacles, qu'elles brillent de la même lumiere quand elles s'enflamment.

3° Qu'un tube de verre, ou tout autre corps propre à s'électriser, devient électrique & continue de l'être pendant quelque temps, non-seulement lorsqu'il a autour de lui des corps solides qui lui fourniffent (incontestablement comme l'on fait) une matiere affluente, mais auffi lorf-qu'il est isolé en plein air.

Réponse à la quinzieme Question.

De ces obfervations il me femble qu'on peut conclure que la matiere électrique est par-tout, au-dedans comme au-dehors des corps solides, & fpécialement dans l'air même de notre athmofphere, au moins peut-on le fuppofer comme une hypothefe très-vraifemblable.

XVI. QUESTION.

Y a-t-il dans la nature deux fortes d'Electricités effentiellement différentes l'une de l'autre ?

Feu M. Dufay, féduit par de fortes apparences, & embarraffé par des faits qu'il n'étoit guere poffible de rapporter au même principe, il y a

17 ou 18 ans, c'est-à-dire dans un temps où l'on ignoroit encore bien des choses qui se sont manifestées depuis ; M. Dufay, dis-je, a conclu pour l'affirmative sur la question dont il s'agit. * Maintenant bien des raisons tirées de l'expérience, me font pencher fortement pour l'opinion contraire ; & je ne suis pas le seul de ceux qui ont examiné & suivi les phénomenes électriques, qui abandonne la distinction des deux Electricités *résineuse* & *vitrée* ; mais le respect que je dois à la mémoire de M. Dufay, & le désir que j'ai de mettre la vérité dans tout son jour, si elle est de mon côté, ne me permettent pas de discuter, dans un simple abrégé, les faits qu'on peut alléguer de part & d'autre, & de les ramener tous avec assez d'évidence au principe d'une seule & même Electricité ; je réserve donc cette partie pour un Mémoire académique, ou pour un Traité plus complet que je pourrai offrir un jour au public.

Au reste quand bien même il y au-

* *Mémoires de l'Académie des Sciences*, 1734 *p.* 524. §. 9.

roit deux sortes de matieres électriques , il est vraisemblable qu'elles différeroient plutôt entr'elles par la nature , la grandeur ou la figure de leurs parties., que par leur façon de se mouvoir ; & comme l'Electricité en général consiste principalement dans les mouvements contraires des deux courants , dans l'*affluence* & l'*effluence* , il y a tout lieu de croire que quiconque dévoilera le méchanisme de l'une , touchera de fort près à celui de l'autre.

XVII. QUESTION.

La matiere électrique ne seroit-elle pas la même que celle qu'on appelle feu élémentaire , ou lumiere ?

Ce que le vulgaire appelle feu , n'est autre chose qu'un corps enflammé dont les parties se dissipent ; mais cette dissipation qui se fait sous la forme de vapeurs , de fumée , & de flamme , est causée , selon l'opinion de presque tous les Physiciens , par l'action d'un fluide subtil & violemment agité , qui se dilate entre les parties d'un corps dont il occupe les moindres pores ; & c'est ce fluide qu'on regarde comme l'élément du feu ; & qu'on fuppofe par bien des raifons être préfent par-tout.

Ce fluide s'appelle *feu* , lorfque fon action forcée détruit ou diffipe les corps qui le renferment. On lui donne le nom de *lumiere* , lorfque dégagé de toute fubftance groffiere, fes parties font contiguës entr'elles dans un milieu tranfparent , & que les filets ou rayons qu'elles forment par leur continuité & leur allignement , reçoivent d'un aftre ou d'un corps enflammé une certaine agitation qu'elles tranfmettent jufqu'à nos yeux.

Ainfi la même matiere opere différents effets , & reçoit différents noms, fuivant qu'elle eft agitée de l'une ou de l'autre maniere , fuivant qu'elle eft , pour ainfi dire , armée de parties étrangeres qui augmentent fa maffe & fon effort , ou qu'elle agit feule & dégagée de toute autre matiere. Voilà l'idée qu'on s'eft faite de cet élément ; & cette idée fe confirme tous les jours par l'expérience & par les obfervations.

Mais une des plus fortes raifons qui porte à croire que le feu &

la

la lumiere ne font au fond qu'une feule & même matiere, différemment modifiée, c'eft que le feu éclaire prefque toujours, & qu'il y a bien des cas où la lumiere brûle : la Nature, qui économife tant fur la production des êtres, tandis qu'elle multiplie fi libéralement leurs propriétés, auroit-elle établi deux caufes pour deux effèts auxquels il paroît qu'une des deux peut fuffire ?

Cette raifon eft affurément bien plaufible, & l'on peut en faire auffi l'application à la matiere électrique. Ceux qui en ont examiné la nature, & qui en ont jugé par analogie, ont prefque tous prononcé que le feu, la lumiere & l'Electricité partoient du même principe. Je pourrois citer, en faveur de cette opinion, des noms qui lui donneroient beaucoup de poids ; mais quelque refpectables que foient ces autorités, je dois m'en abftenir dans un ouvrage où je me fuis propofé d'écarter toute prévention, & de n'établir aucun jugement que fur des faits. Examinons donc, en fuivant cette derniere voie, quels rapports il y a entre cette matiere

L

qui brûle, celle qui éclaire, & celle qui cause ces mouvements d'attractions & de répulsions, que nous voyons autour des corps électrisés.

PREMIERE EXPÉRIENCE.

Electrifez avec le globe quelqu'un qui soit placé sur un gâteau de résine, ou assis sur une planche suspendue avec des cordons de soie : à quelqu'endroit du corps de cette personne que vous présentiez le doigt, ou une verge de métal, une piece de monnoie, &c. vous en tirerez des étincelles très-brillantes & très-piquantes.

Si cette même personne présente le doigt à la main ou au visage d'une autre à quelques pouces de distance, on verra entre l'une & l'autre une belle aigrette de matiere enflammée, comme on l'a déjà rapporté dans la quatrieme expérience de la onzieme Question ; & si les parties s'approchent de plus près, on verra les rayons de l'aigrette diminuer de divergence jusqu'au parallélisme, & se convertir en un trait de feu très-brillant & sensible jusqu'à la douleur.

Enfin si l'on présente dans une cuiller d'argent de l'esprit de vin , ou quelqu'autre liqueur inflammable , un peu chauffée , la personne électrisée en approchant le bout du doigt perpendiculairement au-dessus , enflammera la liqueur.

On verra le même effet si la personne électrisée tient la cuiller par le manche , & qu'une autre non-électrisée présente le bout du doigt à la liqueur. (a)

Comme la matiere enflammée sort de tous les corps qui ne sont pas résineux ou sulphureux , on pourra enflammer l'esprit de vin non-seulement avec le bout du doigt , mais avec un morceau de fer , un bâton , & même un petit glaçon que l'on tiendra dans sa main. Mais pour cela il faut que l'électricité soit bien forte.

Dans cette expérience on voit que la matiere électrique , tant affluente qu'effluente , éclaire , pique & brûle , fonctions communes à celles du feu & de la lumiere.

(a) Il ne faut pas que le doigt touche la liqueur , mais qu'il en approche de fort près seulement.

PREMIERE OBSERVATION.

Le feu n'agit pas de lui-même &
fans être excité ; les corps qui en contiennent le plus, ou qui ont le plus de
difpofition à fe prêter à fon action, les
huiles, les efprits & vapeurs qu'on
nomme *inflammables*, les phofphores,
ne s'embrafent point d'eux-mêmes ; il
faut que quelque caufe particuliere dé-
veloppe ou excite le principe d'inflammation qui eft en eux ; mais de
tous les moyens propres à animer ce
principe, il n'en eft point de plus efficace & de plus prompt que celui-là
même qui fait naître primitivement
l'Electricité ; les corps deviennent électriques de la même maniere qu'on les
rend chauds ; en les frottant on fait
l'un & l'autre. Ils peuvent être électrifés par communication, comme un
corps peut être embrafé par un autre qui l'a été avant lui : mais il faut
toujours que celui de qui ils tiennent
leur vertu ait été frotté ; à peu près
comme la flamme qui confume une
bougie vient originairement d'une étincelle que le frottement ou la collifion
a fait naître.

SECONDE OBSERVATION.

Quand on frotte un corps pour l'échauffer, la chaleur pour l'ordinaire naît d'autant plus vîte, & devient d'autant plus grande que ce corps est plus dense, ou que ses parties sont plus élastiques : le plomb s'échauffe foiblement sous la lime & sous le marteau ; mais le fer & l'acier y deviennent brûlants, parce qu'ils ont plus de ressort que les autres métaux. On peut remarquer aussi que les corps capables de devenir électriques par frottement, acquierent cet état d'autant plus vîte, & dans un degré d'autant plus éminent que leurs parties sont plus roides & plus propres à une vive réaction. La cire blanche de bougie, par exemple, qui devient un peu électrique pendant le grand froid, ne l'est point du tout quand on l'éprouve par un temps & dans un lieu chauds ; la cire d'Espagne le devient davantage en tout temps ; mais elle ne l'est jamais autant que le soufre & l'ambre, qui peuvent être frottés plus fortement & plus long-temps,

L 3

fans que leurs parties s'amolliffent & perdent leur reffort. N'eft-ce point auffi par cette derniere raifon, que le verre frotté devient plus électrique qu'aucune autre matiere connue?

TROISIEME OBSERVATION.

L'action du feu femble s'étendre davantage & avec plus de facilité dans les métaux que dans toute autre efpece de corps folide : fi l'on tient par un bout une verge de fer, de cuivre, d'argent, &c. de médiocre longueur, & que l'autre extrêmité touche au feu, la chaleur fe communique bientôt jufqu'à la main : on n'apperçoit pas la même chofe avec une regle de bois, un tuyau de pipe, un tube de verre, une plaque de marbre ou d'autre pierre. Je ne m'arrête point à chercher ici la raifon de cette différence, mais j'obferve feulement que l'Electricité, comme la chaleur, s'étend facilement dans les métaux & dans tout ce qui en contient confidérablement. Si j'électrife, par exemple, une barre de métal, & en même temps avec les mêmes foins, tel autre corps que ce foit, tant du regne végétal que du regne minéral, qui ne foit point métallique, jamais je n'apperçois autant d'Electricité dans celui-ci que dans l'autre.

QUATRIEME OBSERVATION.

Le feu qui ne trouve pas d'obftacle, qui eft libre de toute matiere étrangere, (je parle toujours du feu élémentaire, & j'excepte les cas où fes rayons font condenfés par réflection, par réfraction, ou autrement;) le feu, dis-je, qui cede au premier degré de mouvement qu'on lui imprime, fe diffipe fans chaleur fenfible, & ne produit tout au plus que de la lumiere : mais quand fon effort eft retardé, & qu'il trouve de l'oppofition, il croît de plus en plus par la force qui continue de l'animer ; & s'il vient à rompre ce qui le retient, femblable à la bombe qui éclate, il s'arme, pour ainfi dire, des parties de la matiere qu'il a divifée ; il heurte avec violence les corps qui font expofés à fon choc, & à travers defquels il pafferoit librement & fans effet s'il étoit feul. Ce principe eft

L 4

prouvé par une infinité de phénomenes familiers. Citons-en seulement
deux ou trois.

L'efprit de vin dont on s'eft mouillé le doigt, s'allume aifément à la
bougie ; mais à peine en fent-on la
flamme : fi on faifoit la même épreuve avec quelque huile pefante, ou
quelqu'autre matiere graffe, elle s'em-
braferoit plus tard ou plus difficilement ; mais le feu fe feroit d'autant
mieux fentir qu'il auroit eu plus de
peine à rompre les liens qui le rete-
noient.

Le feu qui ne dévore que de la
paille, n'a pas la même ardeur que
s'il embrafoit du bois neuf.

De quelque nature que foit fon
aliment, fon activité augmente ou
diminue, fuivant la denfité ou le reffort de l'air qui l'environne & qui
s'oppofe à fon expanfion.

Enfin le feu qui s'évapore de lui-
même à la fuperficie du phofphore d'u-
rine, n'eft que lumiere ; mais le feu
intérieur qu'on excite en frottant ce
même phofphore, devient bientôt un
véritable embrafement.

En adoptant le même principe pour

l'Electricité, je trouve aussi des faits qui semblent justifier cette application. En voici un des plus remarquables.

SECONDE EXPÉRIENCE.

Si j'électrise extérieurement, soit en frottant, soit par communication, un globe, ou tout autre vaisseau de verre, qui soit vuide d'air, & purgé par conséquent des vapeurs dont ce fluide est toujours chargé ; je n'apperçois au-dedans qu'une lumiere diffuse, à peu près comme celle des éclairs que la grande chaleur fait naître par un temps serein. Cette Electricité intérieure ne se manifeste plus comme d'ordinaire, par des pétillements, des petits éclats, des étincelles ; apparemment parce que le vaisseau purgé d'air, ne contient plus qu'un feu élémentaire, purgé & dégagé de toute substance étrangere ; ce fluide, au moindre mouvement qu'on lui communique, s'enflamme sans effort, mais aussi sans autre effet que celui de luire dans l'obscurité. (a)

(a) Cette expérience se peut faire aussi avec un tube de verre fermé hermétiquement par un bout, & garni par l'autre d'un robinet

La matiere du feu faifant fonction
de lumiere, fe meut pour l'ordinaire plus librement dans un corps denfe que dans un milieu plus rare : c'eft
au moins une conféquence qu'on a
cru devoir tirer des loix qu'on lui
voit fuivre communément dans fa réfraction ; la matiere électrique paroît
affecter auffi de fe mouvoir le plus
long-temps & le plus loin qu'il eft poffible, dans le corps folide qui eft électrifé, comme fi l'air environnant étoit
pour elle un milieu moins perméable.
Il en fort plus par les extrêmités & par
les angles faillants d'une barre de fer,
que de par-tout ailleurs de cette même
barre ; c'eft à ces angles qu'elle fe manifefte davantage, comme il eft aifé
d'en juger par les émanations lumineufes : fi l'on électrife plufieurs perfonnes qui fe tiennent par la main, ou

qui puiffe s'appliquer à une machine pneumatique pour être purgé d'air.

Quand on fe fert d'un globe, dont une
grande partie de la furface intérieure eft en-
duite de cire d'Efpagne, l'effet eft encore plus
admirable ; car l'enduit devient tranfparent au
point de laiffer voir la main de celui qui frotte.

plusieurs barres de fer qui soient suspendues bout à bout, l'Electricité passe, comme on sait, de l'une à l'autre, & s'étend incomparablement plus loin qu'elle ne peut faire dans l'air, lorsqu'une fois elle a quitté le corps d'où elle part.

SIXIEME OBSERVATION.

Le mouvement de la lumiere se transmet en un instant à de grandes distances, soit qu'elle vienne directement de sa source, soit qu'on la réfléchisse ou qu'on la réfracte. Cette matiere si subtile, si élastique, se trouve apparemment si libre dans les corps diaphanes les plus denses que nous connoissions, que plusieurs de ces rayons y jouissent toujours d'une contiguité non-interrompue, & par toutes ces raisons son mouvement se transmet fort loin dans un temps très-court. L'expérience nous montre aussi que l'Electricité parcourt en un clin d'œil un espace très-considérable, pourvu qu'elle trouve des milieux propres à transmettre son action.

Je pourrois rappeller ici celle de

la corde qui devient en un inftant électrique dans toute fa longueur, quoiqu'elle ait plus de 200 toifes; * mais voici un fait plus furprenant encore, & qui peut fervir mieux que tout autre à montrer combien la matiere électrique reffemble à celle de la lumiere, par l'extrême promptitude de fon action & de fa propagation à de grandes diftances.

* 14e Queft. p. 110.

TROISIEME EXPÉRIENCE.

Electrifez par le moyen du globe une verge de fer ou de quelque autre métal, fufpendue par deux fils de foie dans une fituation horizontale; laiffez pendre librement un fil d'archal ou de laiton au bout de cette verge, le plus éloigné du globe; tenez d'une main un vafe de verre en partie plein d'eau, dans laquelle plongera le fil de métal fufpendu; avec l'autre main effayez d'exciter une étincelle, à tel endroit que vous voudrez de la verge de fer ou du fil de métal qui pend au bout, & qui plonge dans l'eau du vafe. *Fig.* 14.

Vous reffentirez une commotion

très-forte & très-subtile dans les deux bras ; & même dans la poitrine & dans le reste du corps.

Voilà le fait tel qu'il nous a été communiqué au commencement du mois de janvier de l'année 1746. par MM. Muschenbroeck & Allamand de Leyde , ce qui fait que nous l'avons nommée l'*Expérience de Leyde*. Elle a été variée depuis de différentes façons , avec des circonstances remarquables. (*a*) En

(*a*) 1° Il faut avoir soin que le vase de verre qui contient l'eau , soit bien net & bien sec, tant au dehors qu'au dedans, à la partie qui reste vuide.

2° Il faut que celui qui tient le vase, le touche par l'endroit qui contient l'eau.

3° Au lieu d'eau on peut employer du mercure , & d'autres liquides qui ne soient ni sulphureux ni gras. On peut même employer de la limaille de fer, du sablon , &c.

4° Tout autre vase que du verre, ou de la porcelaine ne réussit pas. Cependant depuis la premiere Edition de cet Ouvrage., j'ai réussi, quoique très-foiblement, avec ces petits pots de grès dans lesquels on nous apporte le beurre de Bretagne.

5° Au lieu de tenir le vase dans sa main, on peut le poser sur un support de métal, & alors si l'on tient seulement un doigt appliqué au verre ou au support, on ressent le coup.

6° Si la chaîne est interrompue , ou que

voici une qui paroît prouver affez
bien, non-feulement que la matiere
de l'Electricité pénetre intimement
les corps, qu'elle réfide dans toutes
leurs parties, mais auffi qu'elle reçoit
à la maniere des fluides le choc
qu'on lui imprime, & que fon action,
comme celle de la lumiere, paffe en
un inftant à des diftances très-confi-
dérables.

QUATRIEME EXPÉRIENCE.

Au lieu de faire tirer l'étincelle à
deux des perfonnes qui la forment, tiennent
chacune par un bout un bâton de foufre, de
cire d'Efpagne, de réfine, &c. l'effet ordinaire n'a pas lieu.

7° Le coup eft plus fort quand le globe eft
plus gros, plus épais, plus frotté ; quand le
vafe qui contient l'eau eft plus large ; quand
la barre de fer qui conduit l'Electricité eft
plus groffe. En augmentant l'effet par ce dernier moyen, j'ai tué du fecond coup un oi-
feau : ce qui me fait croire qu'on pourroit
bleffer quelqu'un qui s'expoferoit imprudem-
ment à cette expérience ; les femmes encein-
tes fur-tout, les perfonnes délicates, ne doivent pas s'y expofer.

8° Au lieu d'une barrre de fer on peut électrifer un homme qui ait une main au globe,
& l'autre plongée dans le vafe, il fentira
la même commotion que ceux qui tiennent
le vafe & qui tirent l'étincelle.

la même personne qui tient le vase, comme dans l'expérience précédente, formez une chaîne de trente ou quarante hommes qui se tiennent tous par les mains ; ou si vous n'avez pas assez de monde, faites communiquer un homme à un autre homme par une barre de fer dont ils tiendront chacun un bout ; que le premier de la bande tienne le vase à demi plein d'eau sous le fil de métal, & que le dernier tire l'étincelle de la verge de fer.

Tous ceux qui participeront à cette expérience, ressentiront en même temps la commotion qui en est l'effet ordinaire. Cela m'a réussi parfaitement avec deux cens hommes, qui formoient deux rangs dont chacun avoit plus de cent-cinquante pas de longueur, & je ne doute nullement qu'on n'eût le même succès avec deux mille & davantage.

SEPTIEME OBSERVATION.

Enfin l'Electricité, comme le feu, n'a jamais plus de force que pendant le grand froid, lorsque l'air est sec & fort dense ; au contraire pendant les grandes chaleurs , ou bien lorf-qu'il fait un temps humide , il arrive rarement que ces fortes d'expérien-ces réuffiffent bien.

L'humidité eft plus à craindre pour les corps qu'on veut électrifer par frottement , que pour ceux à qui l'on veut feulement communiquer l'Électricité : une corde mouillée tranfmet fort bien cette vertu , & l'eau même devient électrique : mais un tube de verre ne donne prefque aucun figne d'Électricité , quand on le frotte avec un corps , ou dans un air qui n'eft pas bien fec : c'eft en quoi j'apperçois encore une cer-taine analogie avec le feu ; car l'em-brafement , de même que l'Électri-cité , ne naît point dans des matie-res qui font fort humides ; mais s'il eft excité d'ailleurs , la chaleur qui en eft l'effet s'y communique aifé-ment.

Réponfe à la dix-feptieme Queftion.

Par les expériences & les obfer-vations rapportées dans cette Quef-tion , il paroît que la matiere qui fait l'Électricité , ou qui en opere les phénomenes,

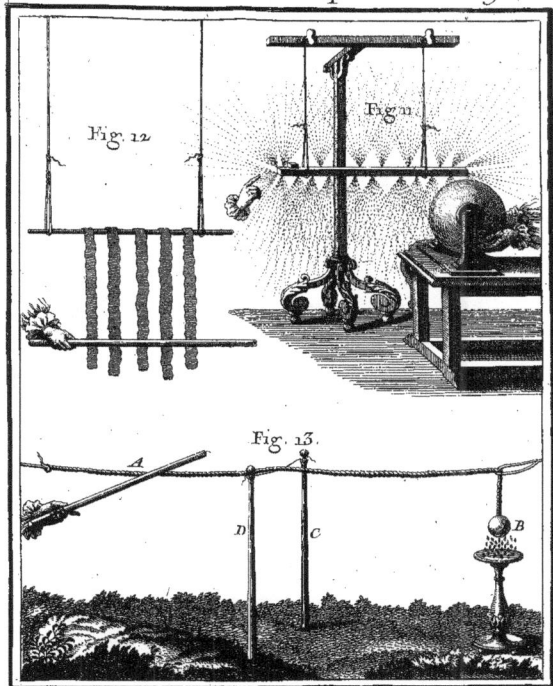

Fig. 12

Fig. 11

Fig. 13 .

A

D   C   B

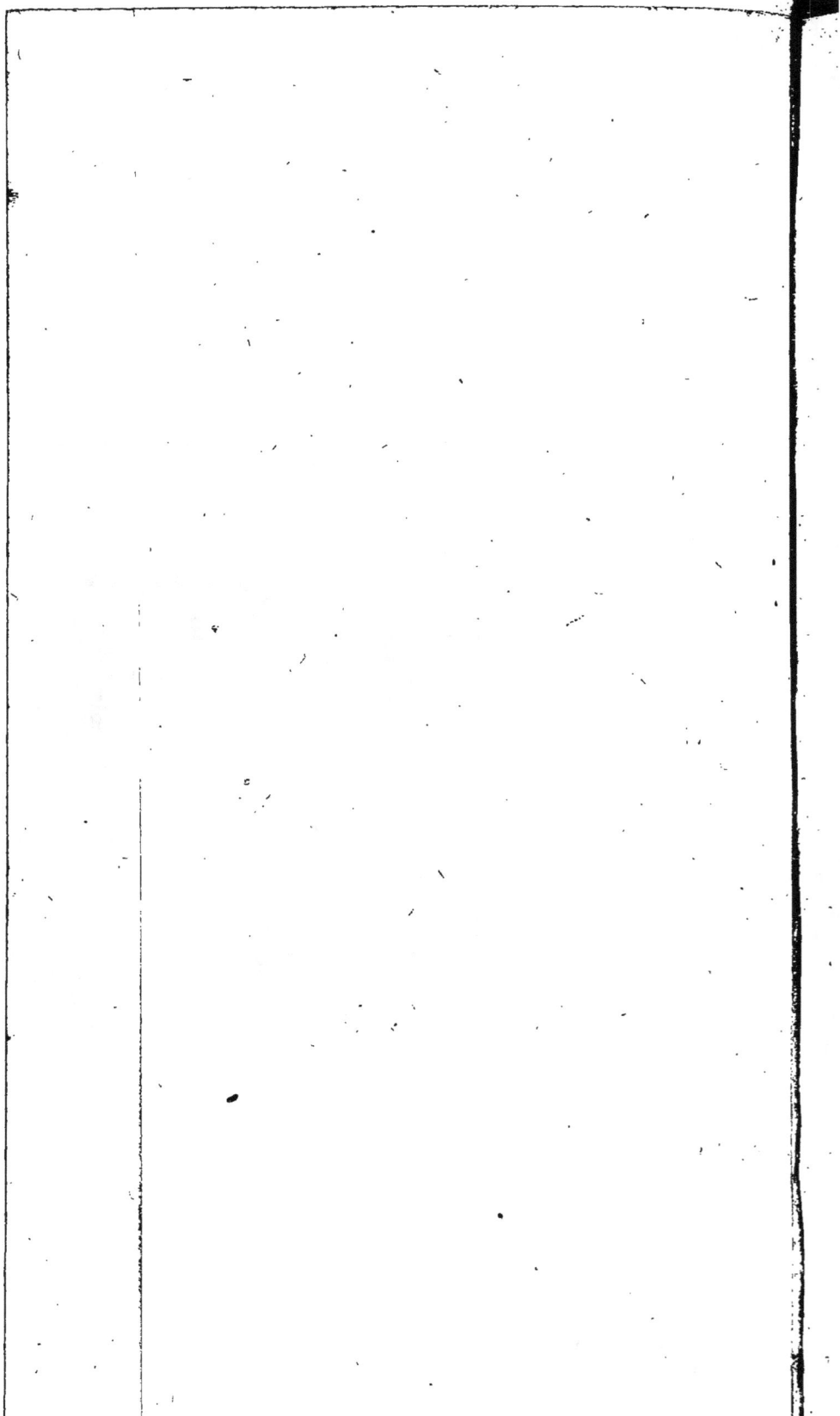

phénomenes, est la même que celle du feu & de la lumiere. Une matiere qui brûle, qui éclaire, & qui a tant de propriétés communes avec celle qui embrase les corps, & qui nous fait voir les objets, seroit-elle autre chose que du feu, autre chose que la lumiere même ?

Cependant on ne peut pas dire que la matiere électrique soit purement & simplement l'Elément du feu, dépouillé de toute autre substance ; l'odeur qu'elle fait sentir prouve le contraire.

On peut ajouter que quand cette matiere s'enflamme, elle paroît sous différentes couleurs, tantôt d'un brillant éclatant, tantôt violette ou purpurine, selon la nature des corps d'où elle sort.

Il est donc très-probable que la matiere électrique, la même au fond que celle du feu élémentaire ou de la lumiere, est unie à certaines parties du corps électrisant, ou du corps électrisé, ou du milieu par lequel elle a passé.

M

TROISIEME PARTIE.

CONJECTURES

Tirées de l'expérience, sur les causes de l'Electricité.

IL ne s'agit pas ici seulement de rendre raison de tel ou de tel fait en particulier : plusieurs des phénomenes électriques s'expliquent visiblement l'un par l'autre ; l'Electricité, par exemple, se porte à douze cens pieds de distance par une corde de chanvre, ou par des barres de fer mises bout à bout l'une de l'autre, tandis qu'elle s'étend à peine à quelques pieds par une corde de soie, ou par un bâton de cire d'Espagne. Cette différence vient, comme on fait, de ce que les corps les moins électriques par eux-mêmes, (une corde de chanvre, une verge de métal, &c.) font les plus propres à le

devenir par communication , & réciproquement. Une feuille de métal qui
a touché , ou approché de fort près ,
un tube de verre nouvellement frotté , s'en éloigne ensuite comme si elle étoit vivement repoussée. On sait
que cela se fait ainsi , parce que généralement tout corps électrisé par
voie de communication , s'écarte autant qu'il peut de celui de qui il tient
cette vertu , &c. Mais ces causes pro-
chaines sont elles-mêmes les effets
de quelque autre cause plus reculée
& plus générale que l'on ignore. L'E-
lectricité qui se manifeste par tant de
phénomenes différents , peut venir
primitivement de quelque principe
unique , d'un méchanisme , peut-être
fort simple , que la nature dérobe à
nos yeux , & dont les effets se mul-
tiplient & varient sans cesse par des
combinaisons de circonstances , dont
nous ne prévoyons pas bien les suites.

C'est ce méchanisme secret qui pique depuis long-temps notre curiosité , & que je cherche à découvrir ,
s'il m'est possible. Plus je désire de
le connoître , plus je suis résolu de
ne le point deviner au hazard : je me

M 2.

défie de l'imagination, toujours trop prompte à former des fystêmes, & toujours prête à prendre & à donner pour réel ce qui n'en a que la feule apparence. Si je laiffe agir la mienne, je ne prétends pas que ce foit pour me fuggérer rien qui porte fur l'exiftence des faits, mais feulement fur la liaifon & fur les rapports qu'ils peuvent avoir entr'eux; en un mot, fi j'effaie de deviner ce que je ne vois pas, je veux que mes conjectures foient fondées fur ce que j'ai vu.

Pour montrer combien je ferai fidele à cette réfolution, je vais retracer ici en caracteres italiques tout ce que l'expérience m'a fait conclure dans la feconde partie de cet Ouvrage; & dans le cours de mes explications, j'aurai foin de diftinguer par ce même caractere ce que j'emprunterai de ces principes, afin que le Lecteur puiffe diftinguer auffi du premier coup d'œil ce qui gît en fait de ce qui n'eft que raifonnement, & régler fa confiance fuivant l'un ou l'autre.

Propofitions fondamentales tirées de l'expérience.

1. De tous les corps qui ont affez de confiftance pour être frottés, ou dont les parties ne s'amolliffent point trop par le frottement, il en eft peu qui ne s'électri- fent quand on les frotte.

Répon- fe à la premie- re ques- tion. p. 49.

2. Les corps vivants, les métaux par- faits ou imparfaits, ne deviennent point électriques par frottement.

3. Tous les corps qu'on peut électrifer en frottant, ne font pas capables d'acqué- rir un égal degré d'Electricité par cette opération.

4. Les matieres les plus électriques, après avoir été frottées, font celles qui ont été vitrifiées ; & enfuite le foufre, les gommes, certains bitumes, les réfines, &c.

5. Il paroît qu'il n'y a aucune matiere, en quelque état qu'elle foit, (fi l'on en ex- cepte la flamme & les autres fluides qui fe diffipent par un mouvement rapide, parce qu'on ne peut guere les foumettre à ces fortes d'épreuves :) il n'eft, dis-je, aucune matiere qui ne reçoive l'Electri- cité d'un autre corps actuellement électri- que.

Rép. à la 2e queft. pag. 53.

6. Il y a des espèces à qui l'on communique l'Electricité bien plus aisément, & bien plus fortement qu'à d'autres ; tels sont les corps vivants, les métaux, & assez généralement toutes les matieres qu'on ne peut électriser par frottement, ou qui ne le deviennent que peu & difficilement par cette voie.

7. Et au contraire les corps qui s'électrisent le mieux par frottement, le verre, le soufre, les gommes, les résines, la soie, &c. ne reçoivent que peu ou point d'électricité par communication.

Rép. à la 3e quest. p. 56.

8. Les effets paroissent être les mêmes au fond, soit que l'Electricité naisse par frottement, soit qu'elle s'acquiere par communication.

9. La voie de communication est un moyen plus efficace que le frottement, pour forcer les effets de l'électricité.

Rép. à la 4e quest. p. 59.

10. Un corps actuellement électrique, attire & repousse toutes sortes de matieres indistinctement, pourvu qu'elles ne soient pas retenues invinciblement par trop de poids, ou par quelqu'autre obstacle.

11. Il y a certaines matieres sur lesquelles l'Electricité a plus de prise que sur d'autres.

12. Cette disposition plus ou moins

grande à être attiré ou repouſſé par un corps électrique, dépend moins de la nature des matieres, de leur couleur, &c. que d'un aſſemblage plus ou moins ſerré de leurs parties.

13. L'Electricité n'eſt point un état permanent ; elle s'affoiblit, & elle ceſſe d'elle-même après un certain temps, ſuivant le degré de force qu'on lui fait prendre, & la nature des matieres dans leſquelles on la fait naître.

Rép. à la 5e queſt. p. 64

14. Un corps électriſé perd communément toute ſa vertu, par l'attouchement de ceux qui ne le font pas.

15. Dans les cas d'une forte Electricité les attouchements ne font que diminuer la vertu du corps électriſé, & ne la lui font perdre entiérement qu'après un eſpace de temps qui peut être aſſez conſidérable.

16. Il eſt de toute évidence que les attractions, répulſions, & autres phénomenes électriques, ſont les effets d'un fluide ſubtil, qui ſe meut autour du corps que l'on a électriſé, & qui étend ſon action à une diſtance plus ou moins grande, ſelon le degré de force qu'on lui a fait prendre.

Rép. à la 6e queſt. p. 67.

17. Ce fluide ſubtil n'eſt point l'air de l'athmoſphere agité par le corps électrique,

Rép. à la 7e queſt. p. 70.

mais une matiere distinguée de lui, &
plus subtile que lui.

Rép. à la 8e quest. p. 74. 18. La matiere électrique ne circule
point autour du corps électrisé, & l'ath-
mosphere qu'elle forme n'est point un tourbillon proprement dit.

Rép. à la 9e quest. p. 79. 19. La matiere que nous nommons
électrique, s'élance du corps électrisé, &
se porte progressivement aux environs jusqu'à une certaine distance.

20. Tant que dure cette émanation,
une pareille matiere vient de toutes parts
au corps électrique, remplacer apparemment celle qui en sort.

21. Ces deux courants de matiere,
qui vont en sens contraires, exercent leurs
mouvements en même temps.

22. La matiere qui va au corps électrique, lui vient non-seulement de l'air qui
l'entoure, mais aussi de tous les autres
corps qui peuvent être dans son voisinage.

Rép. à la 10e quest. p. 83. 23. Les pores par lesquels la matiere
électrique s'élance du corps électrisé, ne
font pas en aussi grand nombre, que ceux
par lesquels elle y rentre.

Rép. à la 11e. quest. p. 86. 24. La matiere électrique sort du
corps électrisé en forme de bouquets ou
d'aigrettes, dont les rayons divergent
beaucoup entr'eux.

25.

25. Elle s'élance de la même maniere & avec la même forme, des endroits où elle demeure invisible.

26. Il y a toute apparence que cette matiere invisible qui agit beaucoup au-delà des aigrettes lumineuses, n'est autre chose qu'une prolongation de ces rayons enflammés ; & que toute matiere électri-que dont le mouvement n'est point accom-pagné de lumiere, ne differe de celle qui éclaire ou qui brûle, que par un moindre degré d'activité.

Rép. à la 12e. quest. p. 92.

27. La matiere électrique, tant celle qui émane des corps électrisés, que celle qui vient à eux des corps environnants, est assez subtile pour passer à travers des matieres les plus dures & les plus com-pactes, & elle les pénetre réellement.

Rép. à la 13e. quest. p. 106.

28. Mais elle ne pénetre pas tous les corps indistinctement, avec la même fa-cilité.

Rép. à la 14e. quest. p. 115.

29. Les matieres sulphureuses, grasses ou résineuses ; par exemple, les gommes, la cire, la soie même, &c. ne la reçoivent & ne la transmettent que peu ou point du tout, si elles ne sont frottées ou chauffées.

30. Elle pénetre plus aisément, & se meut avec plus de liberté dans les métaux, dans les corps animés, dans une corde

N

de chanvre , dans l'eau , &c. que dans l'air même de notre athmosphere.

Rép. à la 15e. quest. p. 117.

31. *Beaucoup d'expériences & d'observations nous portent à croire que la matiere électrique est par-tout , au-dedans comme au-dehors des corps , tant solides que liquides , & spécialement dans l'air de notre athmosphere.*

Rép. à la 17e. quest. p. 120.

32. *Il y a toute apparence que la matiere qui fait l'électricité , ou qui en opere les phénomenes , est la même que celle du feu & de la lumiere.*

33. *Il est très-probable aussi que cette matiere , la même au fond que le feu élémentaire , est unie à certaines parties du corps électrisant , ou du corps électrisé , on du milieu par lequel elle a passé.*

APPLICATION *que l'on peut faire de ces principes pour expliquer les principaux phénomenes électriques.*

Les phénomenes de l'Electricité peuvent se distribuer en deux classes. Dans l'une on renfermera tous ces mouvements alternatifs auxquels on a donné les noms d'*attractions* & de *répulsions* , & généralement tout ce qui s'opere par une caufe qui demeure invifible. L'autre comprendra tous les faits qui font accompagnés de lumiere, pétillements, piquures, inflammations, &c. Car quoique toutes ces merveilles éclatent à nos yeux fous des apparences tout-à-fait différentes les unes des autres, & que le peu de relation que nous voyons entr'elles, nous difpofe à les confidérer comme autant d'objets indépendants qui doivent être examinés féparément ; cependant lorfque l'habitude a diffipé un certain brillant exceffif qui nous éblouit d'abord, & que l'étonnement fait place à la réflexion, on s'apperçoit peu à peu que les effets qui paroiffoient les moins analogues, fe rapprochent, & ne font le plus fouvent que des extenfions les uns des autres, ou les fuites néceffaires d'une caufe commune, mais variées par quelque circonftance ; pour peu qu'on y penfe, on verra que de tous les phénomenes de ce genre que l'on connoît, il n'en eft point qu'on ne puiffe comprendre dans la divifion que je viens d'établir.

N 2

PHENOMENES DE LA PREMIERE CLASSE.

PREMIER FAIT.

UN corps électrisé par frottement ou par communication, attire ou repousse tous les corps légers & libres qui sont dans son voisinage.

EXPLICATION.

Le corps électrisé lance de toutes parts une matiere fluide qui sort en forme d'aigrettes, & qui lui fait une athmosphere d'une certaine étendue [19]. Cette matiere *effluente* dont *les rayons sont divergents entr'eux* [24], est en même temps remplacée *par une matiere semblable* [20], qui vient par des lignes convergentes, par cette matiere que nous avons nommée *affluente*. Voyez la *fig.* 15, qui représente une portion annulaire d'un tube environné des deux matieres effluente & affluente,

L'une & l'autre matiere ayant *un mouvement progressif & simultané* [21], doit emporter avec elle tout ce qui lui donne prife, & qui eft affez libre pour obéir à fon impulfion.

Mais comme *ces deux courants de matiere fe meuvent en fens contraires* [21], le corps leger qui fe trouve dans la fphere d'activité du corps électrique, doit obéir au plus fort, à celui des deux qui a le plus de prife fur lui.

Si le corps léger qu'on veut attirer eft d'un très-petit volume, ou d'une figure tranchante, comme une feuille de métal *E* ou *F*, *fig.* 15, il eft chaffé vers le corps électrique par la matiere affluente.

Et la matiere effluente ne l'empêche pas d'y arriver, parce que fes rayons *qui font divergents,* ou *les aigrettes diftantes l'une de l'autre* [23], ne lui oppofent que des obftacles rares & accidentels, à travers defquels il fe fait jour.

Une preuve qu'il rencontre des obftacles, c'eft qu'il arrive rarement au corps électrique par une voie bien directe, ordinairement c'eft après plufieurs détours qu'on apperçoit d'autant mieux que ce corps léger a plus d'étendue : j'en attefte tous ceux qui font dans l'habitude

N 3

de voir ou de répéter eux-mêmes
ces expériences.

Quand cette étendue égale feulement celle d'un petit écu, il eft
fort ordinaire que le premier mouvement de la feuille foit de s'écarter du corps électrique qu'on lui préfente ; ou fi elle commence par s'en
approcher, elle ne parvient pas jufqu'à lui : elle eft arrêtée ou repouffée à une certaine diftance plus ou
moins grande.

C'eft qu'alors la feuille étant plus
large, ne peut plus échapper aux
rayons des aigrettes qui font toujours plus rares à la vérité que ceux
de la matiere affluente, *à caufe de leur*
divergence [24], *& de la diftance des ai-*
grettes entr'elles [23], mais qui ont toujours beaucoup plus de vîteffe ou
de force, comme je l'ai obfervé
dans le Corollaire qui fuit la réponfe à la onzieme Queftion, p. 89.

S'il eft donc plus ordinaire de
voir un corps léger s'approcher d'a-
bord du corps électrique, que de le
voir s'en écarter par fon premier
mouvement, c'eft que pour lui donner une légéreté fuffifante, on n'em-

ploie communément que des fragments qui ont un très-petit volume, & une figure le plus souvent
très-propre à échapper aux rayons
divergents des aigrettes ; mais on est
sûr d'avoir un effet tout contraire,
quand on prend soin de concilier
avec la légéreté qui convient une
grandeur & une figure telles qu'elles
laissent assez de prise à la matiere effluente.

SECOND FAIT.

Dès que le corps léger qu'on vouloit attirer, a touché le corps électrique, ou qu'il s'en est seulement
approché de fort près, quelque petit que soit son volume, quelque figure qu'il ait, il s'en écarte constamment après.

Ce second fait paroît d'abord
contraire à l'explication qu'on vient
de voir ; si la petitesse du volume a
fait échapper le corps attiré aux
rayons de la matiere effluente, pourquoi, dira-t-on, la même cause n'a-
t-elle plus le même effet après le
contact ?

N 4

EXPLICATION.

C'eſt que cette cauſe ne ſubſiſte plus. Le petit corps a reçu une augmentation de volume, inviſible à la•vérité, mais qui n'en eſt pas moins réelle, comme on le va voir.

Quand ce petit corps pouſſé par la matiere affluente a touché le tube électrique, *il s'eſt électriſé lui-même par communication* [5]. Et un corps électrique, tel qu'il ſoit, *& de telle maniere qu'on l'électriſe* [8], *devient tout hériſſé d'aigrettes qui forment autour de lui une athmoſphere de rayons divergents* [25]. Cette athmoſphere augmente donc conſidérablement ſon volume, & le met en priſe aux rayons de matiere effluente, qui le tiennent écarté du tube électrique autant de temps que l'Electricité ſubſiſte dans l'un & dans l'autre : *H*, *fig.* 15.

Voudroit-on révoquer en doute l'Electricité communiquée au petit corps qui a touché le tube ? Qu'on en approche un autre corps non-électrique, le doigt, par exemple, on le verra s'y porter avec une précipitation marquée, qui doit être re-

gardée comme une preuve incontes-
table de son Electricité.

TROISIEME FAIT.

Un corps léger que l'on a électrifé, & que l'on tient suspendu ou flottant en l'air par l'action du corps
électrique dont il s'étoit écarté, ne
manque pas de revenir à ce même
corps, aussi-tôt qu'il a été touché du
doigt ou de quelqu'autre corps non-
électrique.

EXPLICATION.

L'attouchement d'un corps non-électri-
que lui fait perdre presque toute son Elec-
tricité [14], & par conséquent cette
athmosphere d'aigrettes qui augmen-
toit invisiblement son volume. Ainsi
après cet attouchement il se trouve dans le même état où il étoit
avant que d'avoir été électrisé, &
disposé par la petitesse de son volume ou par sa figure, à se laisser emporter de nouveau vers le corps électrique, en échappant encore comme la premiere fois, aux rayons divergents de la matiere effluente.

Quand je dis, en échappant aux

rayons divergents de la matiere effluente, ce n'eſt pas que je prétende
que ce corps, tout petit qu'il ſoit,
ne rencontre aucun de ces filets de
matiere dont le mouvement s'op-
poſe au ſien ; il en rencontrera ſans
doute, pour le plus ſouvent ; mais
comme *ils ſont rares en comparaiſon de
ceux de la matiere affluente* [23], il donnera
plus conſtamment priſe à ceux-ci, &
ne ſouffrira qu'un retardement ou
quelque déviation de la part de
ceux-là.

QUATRIEME FAIT.

Pendant que le corps léger demeure ſuſpendu, & flottant en l'air
au-deſſus d'un tube de verre électrique qu'il a touché, ſi on lui préſente un autre tube de verre nouvellement frotté, il s'en écarte comme du
premier : il s'approche au contraire
d'un bâton de cire d'Eſpagne, d'une
boule de ſoufre, &c. qu'on a électriſée.

EXPLICATION.

Pour être en état de bien entendre l'explication qu'on peut donner

de ce quatrieme fait, il faut se faire
une idée bien nette de ce qui se passe entre deux corps dont l'un est électrisé, ou qui le sont tous deux.

Dans le premier cas, c'est-à-dire,
lorsque l'un des deux corps seulement est électrisé, *il sort de celui qui ne*
l'est pas une matiere qui est affluente par
rapport à l'autre [22]; & *de celui-ci il s'élan-*
ce perpétuellement des aigrettes d'une sem-
blable matiere, dont les rayons sont di-
vergents entr'eux [24].

Dans le second cas, c'est-à-dire,
quand les deux corps qui sont en pré-
sence l'un de l'autre, sont actuellement électriques, *il sort de tous deux*
une matiere effluente [19], dont les rayons
vont en sens contraires de l'un à l'autre corps. Et tandis que cette matiere émane ainsi de ces deux corps,
une semblable matiere vient de toutes
parts à eux, soit de l'athmosphere, soit
des corps voisins, pour remplacer & per-
pétuer ces émanations [20].

Ainsi dans l'un & dans l'autre cas
la matiere électrique qui vient d'un
des deux corps, est toujours oppo-
sée à celle qui vient de l'autre : & par
conséquent pour qu'ils puissent s'ap-

procher, il faut de deux chofes l'u-
ne, ou que ces rayons qui vont en
fens contraires de l'un à l'autre corps
perdent toute leur action, ou que
chacun de ces deux courants trouve
un paffage libre dans le corps qu'il
rencontre : car fi ces émanations
fubfiftent, & qu'en fortant de l'un
des deux corps elles ne puiffent pas
facilement entrer dans l'autre, elles
ne manqueront pas d'entretenir une
diftance entre les deux, ce que l'on
a nommé *répulfion*. Revenons maintenant à notre fait.

La petite feuille de métal ou le
duvet de plume électrifé, fuit conf-
tamment tout verre électrique ; parce que, comme on l'a dit ci-deffus,
fon volume augmenté par une
athmofphere de rayons divergents donne affez de prife aux émanations du
verre. La même chofe n'arrive pas
lorfqu'on lui préfente un morceau
de foufre ou de cire d'Efpagne nouvellement frotté, pour deux raifons : la premiere, parce que les
rayons effluents de ces matieres électrifées *font plus foibles que ceux du verre* [4], & qu'apparemment la matiere

qui fort d'un bâton de cire d'Espagne électrique , n'a pas plus de force que celle qui vient *de tout autre corps non-électrique en préfence d'un corps électrifé* [27], & qui n'empêche pas , comme on fait , l'approximation réciproque. La feconde raifon eft que les matieres réfineufes , les gommes , &c. *dans lefquelles le fluide électrique a peine à fe mouvoir pour l'ordinaire , en font pénétrées plus facilement quand on les frotte ou qu'on les chauffe* [29] : ainfi la feuille de métal électrifée n'eft pas repouffée par le foufre qu'on vient de frotter , parce que les rayons effluents de cette petite feuille le pénetrent comme elle eft pénétrée elle-même par ceux de ce foufre électrifé ; & cette pénétration mutuelle fait que la réfiftance eft moindre entre ces deux corps que par-tout ailleurs aux environs ; car c'eft un fait *que la matiere électrique a plus de peine à pénétrer l'air de l'athmofphere , que les corps les plus folides* [30].

CINQUIEME FAIT.

Tout ce qu'on veut électrifer par communication , doit être pofé fur des matieres réſineuſes, ou ſuſpendu avec de la ſoie, du crin, &c.

EXPLICATION.

Un corps s'électriſe par communication, lorſque la matiere électrique *qui réſide en lui*[31], reçoit du mouvement par l'approximation ou le contact d'un corps déjà électrique, qui la détermine à ſe porter du dedans au dehors. Or la cauſe qui détermine doit agir d'autant plus efficacement, qu'elle agit ſur un corps plus iſolé ou plus petit, puiſqu'alors elle a moins de matiere à mettre en mouvement. Un homme qui ſe tient placé immédiatement ſur le plancher d'une chambre, ne s'électriſe que très-peu ou point, parce qu'il communique ſans interruption avec de grandes maſſes qui ſont électriſables comme lui, & que l'action qu'on exerce ſur la matiere électrique *qui réſide en lui*[31], attaque en même temps *celle de tous les autres corps*[31] avec leſquels il a communication; & cette action partagée à tant de corps, n'a preſque point d'effet ſenſible ſur aucun d'eux.

Il n'en eſt pas de même ſi l'on met

un gâteau de réfine fous les pieds de cet homme ; comme *les corps réfineux ne s'électrifent prefque point par communication* [7], le corps électrique qui doit communiquer fa vertu, n'agit alors que fur l'homme ifolé, & ne détermine au mouvement que la matiere qui eft en lui.

Pour rendre cette explication plus claire, il faut que je reprenne les chofes de plus haut, & que je dife de quelle maniere je conçois qu'un corps s'électrife quand on le frotte, & comment une fois électrifé il communique fa vertu à un autre corps.

Quand je frotte un tube de verre, un bâton de cire d'Efpagne, une boule de foufre, &c. je mets en mouvement & les parties du corps frotté, & la matiere électrique qui en remplit les pores : eft-ce aux parties du verre que le mouvement s'imprime d'abord pour fe communiquer enfuite à la matiere électrique, ou tout au contraire ? c'eft ce que je n'examinerai point ici ; mais *la matiere électrique s'élance fenfiblement du dedans au-dehors* [12], & le verre s'échauffe ; en voilà affez pour me faire croire que tout eft agité.

Le corps frotté ne s'épuise point par ces émanations continuelles, quelque temps qu'elles durent, parce que *la matiere électrique qui sort est toujours remplacée par une matiere semblable* [20], *qui vient non-seulement de l'air environnant, mais même de tous les autres corps qui sont dans le voisinage* [22]. Si la matiere électrique *est présente partout* [31], comme il y a tout lieu de le croire, elle doit s'empresser de remplir tous les espaces qui se trouvent vuides des parties de son espece; c'est le propre des fluides de se répandre uniformément, & de se mettre en équilibre avec eux-mêmes : représentez-vous un seau percé de toutes parts que vous auriez plongé dans un bassin, si vous épuisiez tout à coup ce vaisseau avec une pompe ou autrement, ne se rempliroit-il pas aussi-tôt aux dépens de l'eau du bassin? & ce remplacement ne se feroit-il pas autant de fois que l'épuisement seroit réitéré ?

L'Electricité n'est donc rien autre chose que l'état d'un corps qui reçoit continuellement les rayons convergents d'une matiere très-subtile,

tandis

tandis qu'il laisse échapper de toutes parts des rayons divergents d'une pareille matiere : il est comme la source de celle-ci & le terme de celle-là ; & comme l'effluence de l'une occasionne l'affluence de l'autre , le remplacement entretient aussi la durée des émanations.

Approchons maintenant d'un corps qui est dans cet état un autre corps capable de s'électrifer par communication , c'est-à-dire , un corps dans lequel la matiere électrique ait un mouvement libre, tant pour entrer que pour sortir, il ne faudra pas que ce soit *une matiere résineuse, sulphureuse* 9 *, &c.* mais bien plutôt *un animal vivant , du métal , &c.* 3°. La matiere électrique qui est en repos dans ce corps , doit se mettre en mouvement, & se porter du dedans au-dehors pour deux raisons ; 1° *Parce que tout ce qui est dans le voisinage d'un corps électrique , lui fournit cette matiere que nous avons nommée affluente* ²². Et en effet on la voit couler comme une frange lumineuse d'une barre de fer qu'on électrise ; on la voit , dis-je , couler par le bout qui répond au

O

globe de verre avec lequel on communique l'Electricité ; c'eſt un fait qui n'a dû échapper à perſonne de ceux qui ont vu ou répété ces ſortes d'expériences. 2° Une autre partie de cette même matiere qui réſide dans le corps non-électrique , doit recevoir des impulſions continuelles des rayons effluents qui s'élancent du corps électrique , & qui enfilent les pores du métal ou de l'animal qui ſe trouve à leur paſſage ; *car ce fluide eſt aſſez ſubtil pour pénétrer les corps les plus durs & les plus compacts* [27], *& il n'y en a point qu'il pénetre plus aiſément que les métaux & les corps animés* [30].

Delà viennent ſans doute ces aigrettes de matiere enflammée qu'on voit au bout le plus reculé d'une barre de fer qu'on électriſe : delà viennent toutes ces émanations de matiere inviſible que l'on ſent à tous les endroits de ſa ſurface , & dont je crois avoir ſuffiſamment prouvé l'exiſtence.

Mais lorſqu'une verge de fer, ou tout autre corps électriſé par communication , perd ainſi la matiere électrique qui eſt en lui , ou il doit

bientôt s'épuiſer , ou bien il faut
qu'il reprenne d'ailleurs une matiere
ſemblable qui répare ce qu'il perd.
On ne peut pas dire qu'il s'épuiſe ;
car les émanations durent autant de
temps qu'on veut les exciter : mais
il lui arrive ce qu'on obſerve en général pour tout ce qui eſt actuellement électrique , ſoit par communication , ſoit par frottement ; *tant que*
dure l'émanation de la matiere intérieu-
re , une pareille matiere vient de toutes
parts remplacer celle qui ſort [20]. Ainſi l'E-
lectricité qui eſt communiquée , com-
me celle qu'on excite par frottement , conſiſte toujours dans une effluence & dans une affluence ſimul-
tanées de la matiere électrique.

Comme le premier de ces deux mouvements naît en partie par impulſion
ou par le choc dans les corps qu'on
électriſe par communication , & qu'un
certain choc ne peut animer ſenſible-
ment qu'une certaine quantité de
matiere , il eſt néceſſaire de limiter
celle que doivent mouvoir les rayons
effluents du corps électrique communiquant ; & c'eſt ce que l'on fait en
interpoſant de la poix ou de la réſi-

ne , *matiere peu propre à être pénétrée par le fluide électrique* [29] , & qui interrompt fort à propos la contiguité des corps électrifables.

SEPTIEME FAIT.

Dans l'expérience de Hauxbée qui eſt ſi connue , des fils arrêtés au centre d'un globe de verre électrifé , ſe dirigent en forme de rayons qui tendent à l'équateur du globe , & d'autres fils attachés à un cerceau en-dehors , prennent une tendance convergente au centre de ce même globe.

EXPLICATION.

L'équateur du globe de verre devenu électrique par frottement , *envoie des aigrettes , comme tous les corps qui ſont en cet état , tant par ſa ſurface intérieure que par ſa ſurface extérieure* [25] *; & la matiere affluente qui ſe porte alors vers l'une & l'autre* [20] , fait prendre aux fils la direction qu'elle a elle-même.

Une circonſtance fort ſinguliere de cette expérience , c'eſt que les fils du dedans changent de place , & ſemblent s'écarter , quand on ſouffle fur le verre, ou qu'on préfente le doigt par dehors à l'endroit où ils tendent.

On peut rendre raifon de ces effets en difant, 1° Que le fouffle, *le plus fouvent chargé d'humidité, diminue ou fait ceffer l'Electricité à la partie du verre qu'il attaque ;* * & alors le fil qui s'y dirigeoit retombe par fon propre poids. 2° Quand on approche le doigt de la furface extérieure, *la matiere qui fort de ce doigt à la préfence d'un corps électrique* [22], paffe à travers le verre, & va fortifier les aigrettes de l'autre furface ; & alors ces aigrettes l'emportent en force fur la matiere affluente qui dirige le fil, & elles le repouffent pour un temps.

* Page 43.

Je n'imagine pas gratuitement que la matiere qui fort du doigt en pareil cas, pénetre le verre & fortifie les aigrettes de la furface intérieure du globe. Si l'on fait entrer dans ce vaiffeau un peu de fciûre de bois, ou du fon de farine, on verra très-diftinctement chaque petite parcelle s'élancer & fauter quand le bout du doigt fe préfentera deffous ; c'eft une épreuve que j'ai répétée cent fois.

SEPTIEME FAIT.

Certains corps ont peine à s'électriser, les uns par frottement, les autres par communication, tandis que d'autres deviennent fortement & promptement électriques de l'une ou de l'autre maniere ; si la matiere électrique réside par-tout, d'où peut venir cette différence ?

EXPLICATION.

Un corps n'est point actuellement électrique pour avoir en soi la matiere de l'Electricité ; il faut que cette matiere en sorte pour être remplacée par une semblable ; il faut qu'il y ait effluence & affluence, comme je l'ai dit plusieurs fois ci-dessus. Or *cette matiere, toute subtile qu'elle est, ne pénetre pas tous les corps indistinctement, & avec la même facilité* [28] ; elle trouve dans les uns des passages plus libres que dans les autres, tant pour sortir que pour rentrer.

D'ailleurs il est probable que ses élancements sont causés & entretenus par un mouvement intestin imprimé aux parties du corps que l'on a

frotté. Je me garderai bien de déterminer de quelle espece est ce mouvement ; mais j'ai lieu de croire que
le ressort y entre pour beaucoup :
car j'observe qu'en général les corps
dont les parties ont le plus de roi-
deur, sont aussi les plus propres à
s'électriser par frottement : la cire
de bougie qui s'amollit quand on la
frotte, ne prend que très-peu d'Electricité ; la cire d'Espagne qu'on peut
frotter davantage sans l'amollir, s'é-
lectrise mieux, le soufre encore plus,
& le verre incomparablement plus
que toute autre matiere connue. Cette gradation paroît indiquer qu'une
certaine réaction de la part du corps
frotté détermine la matiere électrique
à se porter du dedans au dehors.

HUITIEME FAIT.

Quoique tout ce qui est léger &
libre puisse être attiré ou repoussé
par un corps électrique, il y a pourtant certaines matieres qui obéissent
plus vivement que d'autres à ces attractions & répulsions.

EXPLICATION.

L'expérience a fait connoître que *cette difposition plus ou moins grande à être attiré ou repouffé par un corps élec-trique , dépend moins de la nature des matieres , que d'un affemblage plus ou moins ferré de leurs parties* [12]. De forte que les métaux mêmes fur lefquels l'Électricité a le plus de prife, perdroient vraifemblablement cette qualité qui les diftingue de beaucoup d'autres corps moins fufceptibles de ces impulfions , s'il étoit poffible feulement de les raréfier, & de rendre leur contexture moins compacte. On apperçoit aifément la raifon de ce phénomene , quand on confidere *que les mouvements alternatifs d'attractions & de répulfions font les effets de la matiere électrique tant effluente qu'affluente* [16] *, qui , quoiqu'affez fubtile pour pénétrer les corps les plus compacts* [27] *,* & pour fe faire jour à travers de leurs pores , n'eft pas moins une matiere compofée de parties folides , capable par conféquent de heurter & d'entraîner avec elle tout ce qu'elle rencontre de folide dans fon chemin ;

min ; les corps les plus denſes doivent donc lui donner plus de priſe que les autres.

On pourroit m'objecter quelques principes que l'expérience m'a fait admettre, & qui ſemblent peu d'accord avec cette explication ; ſavoir, *que la matiere électrique, tant celle qui émane des corps électriſés, que celle qui vient à eux des corps environnants, eſt aſſez ſubtile pour paſſer à travers les matieres les plus dures & les plus compactes ; qu'elle les pénetre réellement* [27], *& ſpécialement les métaux, les corps animés, &c. plus facilement que tous les autres* [30]. Car plus le fluide électrique paſſera librement à travers d'un corps, moins il ſemble qu'il aura de priſe ſur lui pour l'entraîner.

Cette difficulté eſt ſpécieuſe, je l'avoue ; mais avec un peu de réflexion on peut y trouver une réponſe ſolide. L'expérience en nous apprenant que la matiere électrique effluente, ou affluente, pénetre mieux un corps animé ou une barre de fer, qu'un morceau de bois qui eſt plus poreux ; que cette même matiere conſerve mieux ſon mouvement dans

P

une corde mouillée, que dans celle qui eſt ſeche & moins compacte pourtant ; l'expérience, dis-je, en nous montrant ces faits, ne nous dit pas comment ils s'accompliſſent ; ſi nous ſommes donc obligés de le deviner, il ne faut pas que ce ſoit au préjudice d'aucune loi de la nature déjà connue & inconteſtablement établie : or il n'eſt pas permis de douter en Phyſique de l'impénétrabilité de la matiere : d'où il ſuit évidemment que quand une matiere en rencontre une autre, le choc eſt d'autant plus complet que le corps choqué préſente plus de parties ſolides au corps choquant. Si la matiere électrique, en mouvement, pénetre avec plus de facilité une barre de fer qu'une tringle de bois, quand l'une & l'autre ſont arrêtées ; & qu'elle emporte plus vivement une feuille de métal qu'un fragment de matiere moins denſe, quand l'un & l'autre ſont libres : il n'en eſt donc pas moins vrai, comme je le ſuppoſe dans mon explication, que les corps les plus denſes, toutes choſes égales d'ailleurs, doivent donner plus de priſe que les autres aux impulsions de la matiere électrique.

Mais cette plus grande densité dans une feuille de métal, qui la rend plus propre qu'un morceau de papier, à être attirée ou repoussée, empêche-t-elle que ce qu'il y a de vuide entre ses parties solides ne soit plus perméable à la matiere électrique, que ne le sont les pores d'un autre corps moins compact? C'est ce que je ne vois pas, parce que j'ignore absolument quelle est la figure, la grandeur ou la disposition de ces petits vuides, peut-être plus ou moins convenables dans certains corps pour transmettre les rayons de matiere électrique.

Une autre raison qu'on peut apporter encore du fait en question, & qui est très-forte, parce qu'elle est appuyée sur les expériences d'un habile homme (*a*); c'est que les corps qui sont attirés & repoussés le plus vivement, sont justement ceux qui s'é-

(*a*) M. du Tour, de Riom en Auvergne, Correspondant de l'Académie Royale des Sc. & observateur très-zélé des phénomenes électriques. *Voyez les Mémoires présentés à l'Ac. des Sc. par les savants étrangers*, Tom. I. page 345.

P 2

lectrisent le mieux par communication : une feuille de métal à qui l'on préfente un tube de verre nouvellement frotté, s'électrife d'abord peu ou beaucoup, c'eft-à-dire, que la matiere électrique qui réfide en elle fe difpofe à fortir de toutes parts, ou fort réellement.

Le premier de ces deux états, lorfqu'elle n'eft point encore électrique, mais toute prête à l'être, état qui ne peut ceffer que quand elle ne touchera plus la table ou le corps non-électrique qui la foutient ; ce premier état, dis-je, la met plus en prife qu'un morceau de papier à la matiere affluente qui va au tube : car outre fon excès de denfité, elle oppofe encore des pores pleins d'une matiere prefque effluente, de forte qu'elle n'a peut-être aucun point de fa furface qui ne foit fufceptible du choc qui tend à la mener au tube.

Lorfqu'elle s'enleve & qu'elle commence à s'approcher du tube, elle s'électrife alors de plus en plus, & fon volume augmente par une athmofphere de rayons divergents, comme je l'ai déjà dit ci-deffus ; & il augmente quelquefois de maniere que, rencontrant les rayons de la matiere effluente du tube en suffisante quantité, on voit cette feuille de métal rétrograder avant qu'elle ait touché le corps électrique qui l'attiroit. Cette activité, comme l'on voit, tant pour aller au tube que pour s'en écarter, vient donc, en très-grande partie, de la facilité avec laquelle certains corps reçoivent l'Electricité d'un autre.

NEUVIEME FAIT.

L'Electricité se communique presque en un instant par une corde de douze cens pieds & plus, à laquelle on fait faire plusieurs retours ; comment se peut-il faire que la matiere électrique passe si promptement d'un bout à l'autre de cette corde, & qu'elle en suive ainsi les différentes directions ?

EXPLICATION.

C'est une supposition très-vraisemblable , & que les plus habiles Physiciens n'ont pas fait difficulté d'avancer & d'admettre , que dans les corps les plus denses il y a plus

P 3

de vuide que de plein ; on peut donc croire à plus forte raison que dans une corde , dans une verge de fer, &c. la porofité eft telle que la matiere électrique , (*fluide fubtil qui réfide par-tout* [31]) y jouit d'une continuité de parties non-interrompue ; ainfi dès que les rayons ou les filets de cette matiere très-mobile par elle-même , font pouffés par un bout ou déterminés à fe mouvoir, comme je l'ai dit ci-deffus , * je conçois que le mouvement eft bientôt tranfmis jufqu'à l'autre extrêmité , ou que les premieres parties venant à fortir donnent lieu aux autres de les fuivre fans délai ; à peu près comme le mouvement fe tranfmet par une file de corps élaftiques & contigus ; ou bien comme l'eau d'un canal fe meut toute entiere dès qu'on lui permet de couler par un bout. Ainfi quand j'électrife une corde de deux cens toifes par une de fes extrémités , je ne prétends pas que dans le premier inftant les rayons effluents de l'autre bout foient précifément compofés de la matiere même du tube qui ait parcouru toute la longueur de la

* Pag. 161.

corde, mais feulement d'une matiere femblable, que celle-ci a trouvée réfidente dans cette corde, & qu'elle a pouffée devant elle.

Si le fluide électrique ou le mouvement qui lui eft imprimé, fuit toujours la corde malgré fes finuofités, c'eft apparemment en conféquence de ce principe que j'ai cité tant de fois, *que la matiere de l'électricité trouve moins d'obftacle dans les corps les plus folides, que dans l'air même de l'athmofphere* [30].

Ne diffimulons pas cependant que dans cette propagation de l'Electricité il paroît qu'il y a quelque autre chofe qu'une fimple impulfion de matiere, qu'on puiffe comparer au mouvement qui fe communique par une file de boules d'ivoire, ou à quelque chofe de femblable ; car ces fortes de mouvements communiqués fe repréfentent prefque toujours avec quelque déchet après le choc, au lieu que l'Electricité, femblable à l'incendie qui naît d'une étincelle, eft fouvent bien plus confidérable dans une barre de fer, ou dans une fuite de corps animés à qui on l'a communiquée, qu'elle ne l'eft dans

P 4

le tube ou dans le globe de verre dont on s'eſt ſervi pour opérer cette communication. C'eſt donc une eſpece de mouvement qui croît en ſe communiquant, comme celui du feu qui n'eſt encore expliqué que par des hypotheſes, mais que l'on peut comparer à l'Electricité, *en ce qu'il n'eſt, ſelon toute apparence, qu'une autre modification du même élément* [32].

DIXIEME FAIT.

Une légere humidité empêche qu'un corps ne s'électriſe, ou affoiblit les effets de l'Electricité ; cependant l'eau s'électriſe, & une corde mouillée mieux que celle qui eſt bien ſeche.

EXPLICATION.

Une maſſe d'eau pure eſt un corps qui *contient comme les autres la matiere électrique dans ſes pores* [31] ; & cette matiere peut s'y mouvoir librement, parce que l'eau eſt d'une nature tout-à-fait différente des gommes, du ſouffre, des réſines, &c. *qui ſont les corps reconnus pour être contraires à la tranſmiſſion de l'Electricité* [29] ; mais il n'en eſt pas de même des parties humides qui viennent de l'athmofphere, ou des corps animés qui tranfpirent beaucoup; fouvent c'eft moins de l'eau, qu'un mêlange d'exhalaifons graffes, fulphureufes, falines, &c. & par conféquent *d'une nature très-propre a arrêter ou à ralentir les mouvements de la matiere électrique.*

D'ailleurs on peut croire auffi que les particules d'une vapeur extrêmement fubtilifée, font capables de boucher & d'empâter, pour ainfi dire, les pores du corps qu'on veut électrifer; & c'eft peut-être pour cette raifon que l'Electricité a peine à réuffir pendant les grandes chaleurs, lorfque l'air eft chargé d'une grande quantité de vapeurs & d'exhalaifons, mais différentes de celles qui regnent en d'autres faifons, en ce qu'elles font extrêmement divifées.

PHENOMENES
DE LA SECONDE CLASSE.

PREMIER FAIT.

A L'extrêmité d'une barre de fer, ou au bout du doigt d'une personne qu'on électrise fortement & de suite, il paroît communément un bouquet ou une aigrette de rayons enflammés ou lumineux, qu'on entend bruir fourdement, & qui fait fur la peau une impreffion affez femblable à celle d'un fouffle léger.

EXPLICATION.

Je confidere chaque particule de matiere électrique, *comme une petite portion de feu élémentaire* [32] *, enveloppée de quelque matiere graffe, faline, ou fulphureufe* [33] ; qui la contient & qui s'oppofe à fon expanfion. Lorfque cette matiere qui s'élance hors du corps électrifé, rencontre *celle qui vient la remplacer* [21] ; fi la vîteffe refpective entre les deux eft affez grande, le choc brife les enveloppes ; & le feu devenu libre de fes liens, éclate de toutes parts, & anime du même mouvement les parties femblables qui font contiguës, à peu près comme un grain de poudre enflammé en allume plufieurs autres placés de fuite.

Ces particules de matiere électrique qui s'allument en s'entre-choquant, & que l'inflammation rend vifibles, doivent paroître rangées dans l'ordre qu'elles ont en fortant du corps électrifé ; or, *la matiere effluente s'élance toujours en forme d'aigrette ou de bouquets épanouis* [24] & [25].

Si l'inflammation de la matiere électrique vient de la collifion des parties qui vont en fens contraires, & de l'éclat fubit qui s'enfuit, &c. comme il y a tout lieu de le penfer, nous ne devons pas chercher ailleurs la caufe de ce petit bruit qu'on entend quand on apperçoit les aigrettes lumineufes ; car tout corps qui éclate fubitement, frappe & fait retentir l'air qui l'environne, plus ou moins fort, fuivant la grandeur de fon volume, & la promptitude de fon expanfion.

Enfin le fouffle léger qu'on fent fur la peau quand on préfente le vifage, ou le revers de la main aux bouquets lumineux, eft l'effet naturel & ordinaire d'un fluide qui a un courant déterminé, & qui fe meut avec une vîteffe fenfible : or, *cette matiere qui brille au bout d'une barre de fer électrifée, vient évidemment de l'intérieur de cette barre, & fe porte progreffivement aux environs jufqu'à une certaine diftance* [19].

On dira peut-être, qu'une matiere enflammée devroit être brûlante, ou chaude au moins ; au lieu que les aigrettes lumineufes dont il eft ici queftion, ne font fentir qu'un fouffle dont le fentiment tient moins de la chaleur que du frais.

Mais ne fait-on pas que les idées de *chaud* & de *froid* font relatives à nos fens ; & que ce que nous appellons *frais*, n'eft autre chofe qu'une chaleur très-tempérée, & un peu moindre que celle de notre état ordinaire ? Ne fait-on pas auffi que les matieres les plus légeres, les plus raréfiées, s'embrafent le plus aifément, c'eft-à-dire, qu'elles s'enflamment par un degré de chaleur

qui fuffiroit à peine pour échauffer fenfiblement un corps plus denfe ? Ne fouf-
fre-t-on pas de l'efprit de vin enflammé au bout de fon doigt ?

Cela fuffit pour nous faire conce-
voir qu'il peut y avoir de véritables
inflammations qui n'atteignent pas
au degré de chaleur qui nous eft
naturel & ordinaire : telle eft apparemment celle de la matiere électrique , lorfque la divergence de fes
rayons lui fait prendre un certain
degré de raréfaction.

Ce qui rend ma conjecture vraifemblable , c'eft que quand cette
même matiere vient à fe condenfer ,
alors elle devient un feu affez actif
pour entamer les autres corps. Ces
mêmes aigrettes qui ne faifoient fentir
qu'un fouffle léger , brûlent vivement,
comme on le va voir.

SECOND FAIT.

Lorfqu'on approche de fort près
le bout du doigt où un morceau de
métal , d'un corps quelconque fortement électrifé ; on apperçoit une
ou plufieurs étincelles très-brillan-

tes qui éclatent avec bruit ; & fi ce
font deux corps animés que l'on applique à cette épreuve, l'effet dont je
parle eft accompagné d'une piquûre
qui fe fait fentir de part & d'autre.

EXPLICATION.

Quand on préfente un corps non-
électrifé (fur-tout fi c'eft un animal ou du métal) à un autre corps
fortement électrifé , les rayons effluents de celui-ci, *naturellement di-*
vergents, & par conféquent raréfiés,
acquierent une plus grande force
pour deux raifons ; 1° parce qu'ils
coulent avec plus de viteffe ; 2° parce que leur divergence diminue, &
qu'ils fe condenfent : deux circonftances qu'il eft facile d'obferver, fi
l'on préfente le doigt aux aigrettes
lumineufes d'une barre de fer, & qui
s'expliquent aifément quand on fait
que *la matiere électrique trouve moins de*
difficulté à pénétrer les corps les plus den-
fes que l'air même de l'athmofphere 3°. Ce
n'eft donc plus une matiere fimplement effluente & rare, qui heurte une
autre matiere venant de l'air avec
peu de viteffe , comme dans le pre-

mier fait : c'eſt un fluide condenſé
& accéléré , qui en rencontre un
autre , (*celui qui vient du doigt*) preſque auſſi animé que lui , & par les
mêmes raiſons ; ainſi , le choc doit
être plus violent , l'inflammation
plus vive , le bruit plus éclatant.

Si les deux corps qui s'approchent , tant celui qui eſt électriſé ,
que celui qui ne l'eſt pas , ſont tous
deux animés , l'étincelle éclate avec
douleur de part & d'autre , parce
que les deux filets de matiere enflammée qui ſe rencontrent en ſens contraires , & qui ſe choquent fortement , ſouffrent chacun une réper-
cuſſion , qui rend leur mouvement rétrograde ; & cette réaction d'un filet
de matiere qui ſe dilate en s'enflam-
mant , doit diſtendre avec violence
les pores de la peau , ou remonter
même aſſez avant dans le bras , comme il arrive en effet pour le plus ſouvent. Une perſonne électriſée qui
tient en ſa main une verge de métal
par un bout , reſſent comme par
contre-coups , toutes les étincelles
qu'une autre perſonne non-électrique
excite à l'autre bout.

C'eſt apparemment par cette raiſon, qu'on voit ceſſer ſubitement, ou diminuer très-conſidérablement, l'Electricité d'un corps, à la ſurface duquel on excite une étincelle; car je conçois que cette réaction, dont je viens de parler, arrête tout d'un coup l'effluence de la matiere électrique, ſans laquelle il n'y a plus d'effluence; & l'expérience nous apprend que toute Electricité conſiſte eſſentiellement *dans l'un & dans l'autre mouvement enſemble* [21].

C'eſt une choſe curieuſe que de voir avec quelle promptitude un corps ceſſe d'être électrique quand on le fait étinceller : tous les cheveux d'un homme qu'on électriſe ſe hériſſent & ſe dreſſent en l'air; mais on les voit retomber avec une vîteſſe preſque inexprimable, à chaque fois qu'on approche le doigt de cet homme pour exciter une étincelle. On voit la même choſe à une barre de fer, de laquelle on laiſſe pendre deux brins de fil de 12 ou 15 pouces de longueur ; tant que le tout eſt électrique, les deux brins de fil ſe tiennent écartés l'un de l'autre à cau-

ſe

fe de leurs rayons effluents qui fe repouffent réciproquement ; mais à
peine voit-on éclater l'étincelle excitée au bout de la barre de métal,
que les deux fils retombent l'un vers
l'autre , au gré de leur pefanteur.

T R O I S I E M E F A I T.

Les étincelles éclatent quelquefois d'elles-mêmes , fans que l'on approche le doigt ou un autre corps
non-électrique , du tube ou du globe de verre électrifé : ce troifieme
fait n'eft-il pas contraire aux explications précédentes , où l'on prétend ,
que l'effet en queftion vient du choc
de la matiere effluente , contre la
matiere affluente qui fort d'un corps
plus folide que l'air environnant ?

E X P L I C A T I O N.

Il faut obferver , premiérement que
l'effet dont il s'agit ici n'arrive pas communément , mais feulement lorfque l'E-
lectricité eft forte , par l'état du verre & par celui de l'air ou du lieu
dans lequel on opere ; fecondement ,
on ne doit pas croire que ces aigrettes
de matiere effluente qui forment l'ath-

Q

mofphere d'un corps électrifé, foient régulieres ni par le nombre, ni par l'arrangement de leurs rayons, ni que les endroits du verre par lefquels elles s'élancent, gardent entr'eux des diftances égales. On aura de ces émanations une idée bien plus naturelle, & fans doute plus jufte, fi l'on fe repréfente un fluide forcé qui fe fait jour à travers d'une enveloppe, dont le tiffu feroit trop peu ferré pour le retenir. S'il arrive donc que quelques portions de ces aigrettes viennent à fe croifer comme en G, *fig.* 15, avec une vîteffe fuffifante, cette rencontre jointe à celle de la matiere affluente, toute foible qu'elle foit, pourra dans un concours de circonftances favorables, occafionner ce phénomene, ce petit éclat de lumiere, qui eft affez rare pour pouvoir être attribué à une caufe auffi accidentelle.

QUATRIEME FAIT.

Un homme électrifé qui paffe légérement fa main fur une perfonne non-électrique, vêtue de quelque étoffe d'or ou d'argent, la fait étin-

celler de toutes parts, non-feulement elle, mais encore toutes les
autres qui font habillées de pareilles
étoffes, & qui la touchent ; & ces
étincelles fe font fentir aux perfonnes fur qui elles paroiffent, par des
picotements qu'on a peine à fouffrir
long-temps.

EXPLICATION.

Les rayons effluents qui fortent de
la main de l'homme électrifé , *paf-*
fent avec une extrême facilité [30] *dans les*
fils d'or ou d'argent dont l'étoffe eft
tiffue ; tous ces fils électrifés de la
forte , *deviennent hériffés d'aigrettes* [25],
dans toute leur longueur : ces aigrettes rencontrent en fortant du
métal une matiere affluente *qui vient*
fort abondamment du corps animé [22],
[27], [30], & le choc de tous ces courants *qui vont en fens contraires* [21], fait
naître autant d'inflammations qui
éclatent en étincelles , & des doubles répercuffions, qui portent d'une
part contre le métal électrifé & de
l'autre contre la peau de la perfonne
fur qui fe paffe l'expérience , ce qui
lui caufe tous les picotements qu'elle reffent.

Q 2

La même chofe arrive & par les mêmes raifons, fi l'on électrife la perfonne dont l'habit eft orné d'or ou d'argent, & qu'une autre perfonne non-électrique en approche la main de la maniere qu'on l'a dit cideffus ; car c'eft toujours le conflit des deux matieres affluente & effluente qui fait naître & les piquures & les étincelles ; avec cette différence cependant, que dans ce dernier cas, les étincelles qu'on apperçoit aux endroits qui ne font pas touchés, viennent du contre-coup de la matiere effluente qui a fouffert répercuffion.

Pour bien entendre ceci, repréfentez-vous un fil d'argent électrifé *par la communication qu'il a avec la perfonne qu'on électrife* [6] ; ce fil étincelle à l'endroit touché, parce que fa matiere effluente rencontre & choque *celle qui vient du doigt de la perfonne non-électrique* [22] ; mais prefque en même temps que cette étincelle paroît, on en apperçoit une emblable à l'autre bout du fil d'argent, parce que fa matiere électrique qui a reçu par le choc une déter-

mination contraire à celle qu'elle
avoit d'abord , & dont le mouvement est devenu en quelque façon
rétrograde ; cette matiere , dis-je ,
peut être considérée dans cet instant
comme effluente par la partie op-
posée à celle que l'on vient de toucher ; & alors la matiere affluente
*qui vient de toutes parts à la personne
électrisée* ¹² , ou plutôt quelqu'un *des
rayons effluents de ce corps animé* ¹⁹ , occasionne une espece de contre-coup ,
d'où naît une seconde scintillation.

Ce qui me fait croire que le second choc vient plutôt de la matiere
rétrograde du fil d'argent , contre les
rayons effluents de la personne électrisée, que contre la matiere affluente de
l'air , c'est que cette personne sur qui
cela se passe , ressent des piquures de
ces secondes étincelles , comme des premieres ; ce qui suppose qu'un des
rayons choqués aboutit à sa peau.

CINQUIEME FAIT.

Une personne électrisée , sur-tout
si elle l'est par le moyen du globe
de verre , allume avec le bout de son

doigt de l'esprit de vin, ou une autre, liqueur inflammable, légérement chauffée, que lui présente une autre personne non-électrique.

EXPLICATION.

Il y a toute apparence que la matiere qui fait l'Electricité, ou qui en opere les phénomenes, est la même que cet élément qu'on appelle feu ou lumiere [12], & sur l'existence duquel presque tous les Physiciens sont d'accord aujourd'hui : or cette matiere, quand elle est animée d'un certain degré de mouvement, & qu'elle est armée, pour ainsi dire, *de quelque matiere plus grossiere qu'elle même.* [13], devient capable d'entamer les autres corps, de les pénétrer, & de dissiper leurs parties en flamme ou en fumée. L'étincelle qui naît, comme je l'ai dit plus haut, * par le choc des deux matieres effluente & affluente, augmente jusqu'à causer l'inflammation d'une liqueur qui s'y trouve toute disposée par sa nature, & par un certain degré de chaleur qu'on lui a fait prendre.

Je ne crois pas ce degré de cha-

* Page 178.

leur préparatoire d'une nécessité absolue pour le succès de l'expérience; dans le cas d'une Electricité très-forte, on enflammera peut-être l'esprit de vin, qui n'aura que la température ordinaire d'une chambre fermée, dans une saison moyenne: mais pour sentir combien on rend cette inflammation électrique plus facile, en chauffant un peu la liqueur, qu'on se souvienne que l'étincelle qui produit cet effet, doit naître du choc des deux matieres; savoir, de celle qui s'élance du doigt électrique, & de celle qui vient de la liqueur en sens contraire: or, *toute matiere électrique sort difficilement d'un corps solide ou fluide qui est gras, résineux ou sulphureux comme l'esprit de vin, &c. à moins que le corps n'ait été frotté ou chauffé* 2°.

C'est encore par cette raison, qu'il vaut mieux tenir la liqueur qu'on veut enflammer, dans une cuiller de métal, ou dans le creux de la main nue, que dans du verre, dans de la faïance, &c. car comme *la matiere électrique sort des métaux & des corps vivants avec plus de force que des autres* 3°, celle qui viendra de la cuiller ou de la main, après avoir pénétré la liqueur, donnera lieu à un choc plus violent, à une étincelle plus brûlante.

L'expérience dont il s'agit réuffit mieux & plus sûrement, fi la perfonne qui la fait eft électrifée par le moyen du globe de verre, que fi l'on fe fervoit d'un tube pour lui communiquer l'Electricité; parce que dans ce dernier cas, celui qui eft électrique n'a qu'une étincelle à employer, après quoi toute fa vertu ceffe; au lieu que dans l'autre cas, l'Electricité fe répare à chaque inftant, & la perfonne électrifée étincelle plufieurs fois de fuite, & plus vivement.

L'effet eft toujours le même, foit que l'efprit de vin foit tenu par la perfonne électrifée, ou par celle qui ne l'eft pas; car de l'une ou de l'autre maniere, on conçoit aifément qu'il y a conflit des deux matieres effluente & affluente à la furface de la liqueur; & cela fuffit pour l'inflammation.

Le doigt qui fe préfente à la liqueur,

qu̶eur, ne doit pas la toucher, mais feulement s'en approcher à une petite diftance; s'il a été plongé, il faut l'effuyer, ou en préfenter un autre; car fans cela, on court rifque de n'avoir pas d'étincelle, & de manquer l'expérience : l'obftacle vient de ce qu'un doigt mouillé d'efprit de vin, eft un corps enduit d'une matiere fulphureufe, *à travers laquelle la matiere électrique a peine à fe faire jour pour fortir* [19].

On me dira peut-être que cette matiere paffe bien à travers de l'efprit de vin qui eft dans la cuiller : mais je répondrai, que cet efprit de vin eft chaud, au lieu que celui qui eft autour du doigt ne l'eft plus un inftant après l'émerfion; & j'en ai dit affez un peu plus haut, * pour faire connoître ce que peut produire cette différence, par rapport au réfultat de l'expérience.

* Page 191.

SIXIEME FAIT.

Si l'on tient dans une main un vafe de verre ou de porcelaine, en partie plein d'eau, dans lequel foit plongé le bout d'une verge de métal élec-

R

trifée, & qu'on approche l'autre main
de cette verge pour exciter une étincelle, on fent une violente & fubite
commotion dans les deux bras & fouvent même dans la poitrine, dans les
entrailles, & généralement dans toutes
les parties du corps.

EXPLICATION.

*Tout nous indique & nous porte à
croire que la matiere électrique eft un
fluide très-fubtil qui réfide par-tout, au
dedans comme au dehors des corps* [31] ;
il eft par conféquent au dedans de
nous-mêmes ; & fi nous en jugeons
par la facilité avec laquelle il y entre
& en fort, par l'extrême fineffe de
fes parties, & par la porofité de notre matiere propre, nous n'aurons
pas de peine à comprendre qu'il
jouiffe en nous d'une parfaite continuité, & que fes mouvements foient
au moins femblables à ceux des autres fluides que nous connoiffons.
Or en fuivant ces idées qui n'ont
rien de forcé, & que l'expérience
même paroît favorifer, ne puis-je
pas dire que dans les cas ordinaires,
lorfqu'un homme non-électrique fait

étinceller un corps électrisé, la répercuffion des courants électriques ne fe fait fentir qu'à la peau du doigt, ou tout au plus dans le bras ; parce que la matiere choquée qui n'eft appuyée ou retenue par aucune action contraire, a toute la liberté de reculer & obéir au coup qu'elle reçoit ; au lieu que dans le fait en queftion l'effort électrique éclate en même temps par deux endroits oppofés, fur un filet de matiere qui s'étend d'une main à l'autre en traverfant le corps, & qui, à la maniere des fluides, communique le mouvement dont il eft animé, à toutes les parties de fon efpece, qui fe trouvent dans le même fujet. Les parois d'un tonneau font généralement comprimées quand on preffe la liqueur qu'il renferme ; & fi la preffion fe fait par deux endroits fur le liquide, tous les folides qu'il touche s'en reffentent d'autant plus. La commotion plus ou moins grande, plus ou moins complette, que nous éprouvons dans l'expérience que j'effaie d'expliquer, peut donc s'attribuer avec beaucoup de vraifemblance à la double répercuffion que reçoit en même tems le fluide électrique *qui réfide en nous comme par-tout ailleurs* [31].

Mais une conjecture, quelque vraisemblable qu'elle foit , ne peut paffer tout au plus que pour une heureufe imagination , fi l'expérience ne décide en fa faveur. Voyons donc s'il n'y auroit pas quelques faits capables d'étayer mon explication.

Si la commotion qu'on reffent intériéurement , eft véritablement une fecouffe imprimée à notre matiere propre par le fluide électrique fortement comprimé ; comme ce fluide lorfqu'il eft choqué , eft de nature à devenir lumineux , *& qu'il réfide dans tous les autres corps comme dans le nôtre* [31] , tranfportons notre épreuve à des corps diaphanes , & voyons fi la commotion fe rendra fenfible par une lumiere interne. Dans cette vue , au lieu d'une feule perfonne j'en emploie deux , dont l'une tient le vafe rempli d'eau , tandis que l'autre excite l'étincelle , & je leur fais tenir à chacune par un bout un tube de verre rempli d'eau : lorfque l'explofion fe fait , & que les deux corps animés reffentent la fecouffe, le tube intermédiaire qui les unit brille d'un éclat de lumiere auffi fubit, & d'auffi peu de durée, que le coup qui faifit les deux perfonnes appliquées à cette épreuve. N'eft-il pas plus que probable qu'on verroit en nous la même chofe, fi nous étions tranfparents comme le verre & l'eau ?

La continuité non-interrompue de la matiere choquée doit être encore une condition abfolument néceffaire pour le fuccès de l'expérience, s'il eft vrai, comme je le fuppofe, que la commotion qui en réfulte nous foit tranfmife, & diftribuée uniformément à toutes les parties qu'elle attaque, par le fluide électrique, après la double répercuffion. Je l'ai donc interrompue à deffein, en faifant faire l'épreuve, comme cidevant, à deux perfonnes, mais qui au lieu d'être liées enfemble par un corps folide intermédiaire, ne fe touchoient nullement ; le réfultat s'eft trouvé tel que je l'attendois, la commotion interne a manqué, l'effet s'eft réduit à une piquure affez violente pour celui qui tiroit l'étincel-

R 3

le, & à une fecouffe affez forte, mais qui ne paffoit pas la main de celui qui tenoit le vafe plein d'eau. Il paroît donc vifiblement que l'interruption de la matiere électrique foumife au double choc, eft la feule caufe à laquelle on puiffe attribuer ce qui differe ici de l'effet ordinaire, qui dépend fi néceffairement de la continuité de cette même matiere, qu'on ne le voit jamais manquer par le trop grand nombre des perfonnes qui s'uniffent pour cette expérience, pourvu que, fe tenant par les mains ou autrement, elles forment une chaîne qui ne foit nullement interrompue.

Voici encore une expérience qui prouve bien qu'au moment de l'explofion il y a un filet ou un rayon de matiere électrique interne qui eft frappé par les deux bouts ; & que ce double choc lui imprime deux actions contraires. Je me fers encore de deux perfonnes, dont une excite l'étincelle tandis que l'autre tient le vafe ; & qui de l'autre main fe préfentent réciproquement le bout du doigt de fort près fans fe toucher. Quand l'étincelle éclate, j'apperçois entre les deux doigts

oppofés & prefque contigus, une lueur
très-fenfible, qui annonce affez évidemment le conflict de deux courants
de matiere qui ont des détermina-
tions contraires.

S E P T I E M E   F A I T.

Il faut pour réuffir dans l'expérience
que j'ai rapportée pour fixieme Fait,
que le vafe qui contient l'eau foit de
verre ou de porcelaine; tous les autres
qu'on a éprouvés jufqu'à préfent,
n'ont point eu le même fuccès.

E X P L I C A T I O N.

C'eft une chofe indifpenfablement
néceffaire, que la main qui touche,
avant qu'on excite l'étincelle, ne
faffe point perdre à la barre de fer
fon Electricité; car fi cela arrivoit,
ce feroit inutilement qu'on effaie-
roit de faire étinceller cette barre
avec l'autre main; & c'eft un fait connu depuis long-temps, *qu'on défélectrife aifément & promptement une barre
de fer en la touchant avec la main* [14].
Un autre fait qui eft auffi conftant,

R 4

mais plus nouveau, c'est que le vase
de verre rempli d'eau qui s'électrise
par communication dans cette expérience, ne cesse pas d'être fortement
électrique pour être touché ou manié par la personne non-électrique qui
le soutient : cet attouchement fait
au vase ne change donc rien à l'état
de la barre de fer qui lui transmet
l'Electricité ; ainsi l'on pourra toujours faire étinceller cette barre, &
par conséquent exciter la commotion qui est le résultat ordinaire de
cette épreuve, tant que la verge de
métal qui conduit l'Electricité sera
plongée dans un vase de verre
ou de porcelaine, parce que les matieres vitrifiées, ou à demi vitrifiées,
lorsqu'elles deviennent fortement
électriques, continuent de l'être assez
long-temps, quoique touchées par des
corps qui ne le sont pas.

Ce privilege que j'attribue au verre (ou à la porcelaine,) de demeurer électrique, quoiqu'on le touche,
n'est point une fiction, ni une probabilité imaginée en faveur de mon explication ; c'est un fait bien décidé,
& sur lequel il ne reste aucun doute :

le vafe rempli d'eau qui a fervi à l'expérience, & qui s'eft électrifé par
l'immerfion de la verge de métal ;
ce vafe, dis-je, porté ou manié par
quelqu'un qui n'eft point électrique,
ne ceffe pas, pendant un temps confidérable, d'attirer & de repouffer
tout ce qu'on lui préfente de léger,
d'étinceller quand on en approche
le doigt ; de lancer des aigrettes lumineufes affez fouvent fpontanées
& bruyantes ; l'eau qu'il contient fait
voir des éclats de lumiere quand on
la remue, & reffemble à une liqueur
enflammée quand on la répand dans
un vafe creux, fur d'autre eau non-
électrifée.

Cette Electricité diminue peu à
peu ; mais elle eft très-long-temps à
s'éteindre entiérement : j'en ai encore
trouvé des fignes fenfibles après 36
heures, quoique j'euffe pofé le vafe
fur une table de bois, non-ifolée,
non-électrique, & capable par conféquent d'abforber ou de diffipér la
vertu du corps électrifé qu'elle foutenoit.

HUITIEME FAIT.

Mais ce vafe de verre électrifé qui eft fi long-temps à perdre toute fon Electricité, quand il eft pofé fur du bois, du métal, &c. ne la garde pas à beaucoup près fi long-temps, lorf-qu'il eft foutenu par du verre, de la réfine, de la foie, & généralement par toutes les matieres qui s'électri-fent le mieux lorfqu'on les frotte. (*a*)

QUATRIEME EXPÉRIENCE.

L'Electricité, comme je l'ai déjà dit & prouvé ailleurs, n'eft pas feule-ment l'émanation d'une matiere qui s'élance du corps électrifé ; c'eft auf-fi un remplacement continuel qui fe fait de cette matiere, par une autre tout-à-fait femblable, qui fe porte de toutes parts au corps électrifé : c'eft, pour ainfi dire, un commerce de la matière que j'ai nommée et-

(*a*) Ce fait que j'avois auffi obfervé de mon côté, a été annoncé pour la premiere fois par M. le Monnier, Docteur en Médecine. On fait combien cet Académicien a contri-bué à étendre les progrès de l'Electricité, & avec quelle exactitude il en obferve les nou-veaux phénomenes.

fluente , & de celle que j'ai appellée affluente. Si celle-ci vient à manquer , ou que la premiere n'ait plus la liberté de sortir , cet état ou ce double mouvement , que l'on nomme *Electricité* , doit bientôt cesser ; or , ces deux choses arrivent lorsque vous posez le vaisseau de verre électrisé , sur un gâteau de résine : la matiere effluente, du verre est arrêtée en grande partie , *parce qu'elle ne trouve point un passage libre dans un corps résineux , ou comme tel* [29] ; *& par la même raison* , le gâteau ne fournit point de matiere affluente au verre. Le vase perd donc bientôt son Electricité , parce que les deux courants *en quoi consiste cette vertu* , se ralentissent & cessent promptement.

Si la cause de ce ralentissement est bien véritablement celle que je viens d'exposer , on ne doit pas être surpris de ce qu'une table de bois , un support de métal , la main d'un homme , &c. n'a pas le même effet qu'un gâteau de résine ; car on sait que *la matiere électrique pénetre aisément tous ces corps , tant pour y entrer , que pour en sortir* [30] : ce qui fait que les deux courants qui conftituent l'Electricité, n'y trouvent pas autant d'obftacles que dans les corps réfineux.

Quoique cette explication foit vraifemblable, & qu'elle s'accorde affez bien avec les principes que l'expérience nous a fait admettre, je ne diffimulerai pas cependant, que je trouve ici quelque chofe de fingulier, & dont je ne vois pas bien le fond. Un corps ne s'électrife pas communément, s'il eft pofé fimplement fur une table de bois non-ifolée ; & voici un vafe plein d'eau, qui garde affez bien, pendant plufieurs heures, fur cette même table, l'Electricité qu'il a acquife auparavant : il eft vrai qu'il faut une forte & longue Electricité, pour mettre le vafe de verre dans l'état où il doit être pour cette expérience ; & nous favons, à n'en pas douter, que quand on électrife fortement, & avec une certaine durée, les corps mêmes qui ne font point ifolés, reçoivent l'Electricité par communication. J'ai vu maintes fois des perfonnes électrifées fur la réfine, étinceller de toutes parts , quoique leurs habits touchassent à la muraille ou aux meubles de la chambre ; & M. Jean Muschenbroek, (*a*) ayant le coude appuyé exprès sur une table, remarqua aussi qu'il devenoit électrique , nonobstant cet attouchement ; mais malgré ces raisons qui affoiblissent , sans doute, la difficulté , je sens qu'on peut faire valoir encore la différence qui se présente , quand on compare l'Electricité qui se conserve , avec celle qui s'acquiert sur un support de bois non-isolé.

Aussi faut-il convenir que l'Electricité communiquée à un vase de verre plein d'eau , diffère considérablement de celle que les autres corps acquierent par la même voie; cette vertu y est, pour ainsi dire,

(*a*) M. Jean Muschenbroek étoit le frere du célebre Professeur de Leyde , qui porte ce nom : la Physique expérimentale doit beaucoup à l'un & à l'autre : le premier , avec une dextérité peu commune , & des notions de Mathématiques, qui le distinguoient d'un simple Artiste , lui a procuré d'excellents instruments ; le second , comme l'on sait , l'a enrichie de plusieurs ouvrages généralement goûtés des Savants.

concentrée ; elle y tient bien autrement que dans une égale maffe de
toute autre matiere , & fes effets annoncent une force , une énergie qui n'eft
pas commune ; le temps & l'expérience
nous apprendront peut-être en quoi
ce cas particulier differe des autres.

NEUVIEME FAIT.

L'expérience de Leyde , le fixieme
fait , * ne réuffit pas , quand on fe fert
pour conténir l'eau , d'un vafe fait
de toute autre matiere que de verre
ou de porcelaine. (a)

* Pag.
293.

EXPLICATION.

Le verre & la porcelaine réuffif-
fént , parce que l'un & l'autre s'électrifent par communication , & que
ni l'un ni l'autre ne ceffent d'être
électriques , quoique maniés & fou-
tenus par un corps qui ne l'eft pas.
Ces deux conditions font fi néceffaires pour le fuccès de l'expérience,
que fi l'une des deux vient à manquer,
la commotion interne qui en eft le réfultat ordinaire , ne peut avoir lieu ; je
l'ai prouvé ci-deffus. * Or le vafe qui
n'eft point de verre , de quelque ma-

* Pag.
199.

(a) Voyez le correctif de la note (a 4°) p. 133.

tiere vitrifiée au moins, ou ne s'é-
lectrise point assez par communication, ou ne reçoit qu'une Electricité
qui se dissipe au moindre attouchement des autres corps. Recevez la
verge de fer dans un vase de bois ou
de métal, en partie plein d'eau, elle
ne s'électrise pas plus que si vous en
teniez le bout dans votre main, &
elle a le même sort avec tout autre
vase, dont la matiere très-facile à électriser par communication, partage
aussi fort aisément sa vertu avec tous
les corps qui lui sont contigus. Recevez cette même verge de fer dans
un vase de cire d'Espagne, de soufre ou de quelque matiere qui s'électrise comme le verre par frottement;
ce procédé ne vous réussira pas non-
plus, parce que ces matieres, qui
ont cela de commun avec le verre
de s'électriser par frottement, n'ont
pas comme lui, l'avantage de s'électriser aussi par communication, au
moins dans un degré suffisant.

On pourroit être tenté de croire,
que si l'expérience de Leyde ne réussit pas avec un vase de cire d'Espagne, c'est que l'Electricité du globe

de verre, n'eſt point de nature à ſe communiquer à cette matiere ; & qu'il ne manque pour le ſuccès, que d'aſſortir à ce vaſe l'Electricité d'une matiere ſemblable.

Si cela étoit, ce ſeroit une forte raiſon pour admettre la diſtinction des deux électricités *réſineuſe & vitrée*, que des apparences ſéduiſantes ont fait imaginer : mais il ne m'en a coûté que de la peine faire un globe de ſoufre, que j'ai ſubſtitué à celui de verre, pour m'aſſurer que toute Electricité, de quelque matiere qu'elle vienne, eſt également propre à produire l'effet dont il s'agit ; & que le choix du vaſe n'eſt important que parce que la cire d'Eſpagne & les matieres réſineuſes, ne s'électriſent que très-peu ou point par communication ; car lorſqu'électriſant avec le globe de ſoufre, j'ai tenu l'eau dans un vaſe de même matiere, ou de cire d'Eſpagne, la commotion n'a point eu lieu ; & je l'ai reſſentie (cette commotion,) quoique foiblement, en ſubſtituant ſeulement un vaſe de verre à celui de ſoufre.

DIXIEME

DIXIEME FAIT.

Un globe ou un tube de verre, dont on a ôté l'air par le moyen d'une machine pneumatique, devient tout lumineux en dedans lorsqu'on le frotte par dehors, & ne donne aucun figne un peu confidérable d'Electricité; c'est-à-dire, qu'on ne lui voit attirer ni repouffer fenfiblement les corps légers qu'on lui préfente, & qu'on ne reffent & n'apperçoit autour de lui aucunes de ces émanations qui s'y font fentir quand il eft frotté dans fon état ordinaire.

Il fe préfente ici deux effets à expliquer : le premier eft cette lumiere diffufe qu'on voit briller dans le vaiffeau purgé d'air ; le fecond eft la privation d'Electricité occafionnée par le vuide.

EXPLICATION.

Le premier de ces deux effets eft connu depuis long - temps : on fait qu'un matras purgé d'air, & frotté par dehors dans un lieu obfcur, devient une efpece de phofphore ; & le Barometre, dont la partie fupé-

S

rieure eſt lumineuſe , quand on ba-
lance le mercure , nous apprend que
cette lumiere eſt également produite
par un frottement intérieur , comme
par celui qui ſe fait extérieurement.

L'élément du feu , ce fluide ſubtil , qui ſelon toute apparence ne
laiſſe aucun eſpace abſolument vuide (a) dans la nature, remplit ſeul
toute la capacité d'un vaiſſeau purgé d'air ; il jouit d'une mobilité parfaite , parce qu'il n'eſt embarraſſé par
aucune matiere étrangere , & que la
continuité de ſes parties ne ſouffre
aucune interruption ; dans cet état
il reçoit avec autant de facilité que
de promptitude , les ſecouſſes réité-
rées que lui impriment les parties du
verre agitées par le frottement , à
peu près comme on voit trembler

(a) Je ne prends ici aucun parti décidé ſur
la fameuſe queſtion de l'exiſtence du vuide :
je prétends ſeulement faire entendre que la
matiere du feu, plus ſubtile qu'aucune autre
qui nous ſoit connue , remplit tous les petits eſpaces où des fluides plus groſſiers ne
peuvent être admis ; & je me diſpenſe d'examiner ſi les parties de cette matiere laiſſent
entr'elles des intervalles qui ſoient pleins
ou vuides ; cet examen eſt étranger à mon
ſujet.

l'eau, quand on paſſe le doigt mouillé ſur le bord du verre qui la contient. Or le feu purement élémentaire, & qui n'eſt uni à aucune autre matiere capable de retarder ſon expanſion, s'allume au moindre mouvement ; mais ſon inflammation ſe termine à une ſimple & ſubite lueur.

Quant au ſecond effet, dont il eſt difficile de rendre raiſon d'une maniere à ſatisfaire pleinement, on peut dire que les élancements de la matiere effluente, en quoi conſiſte principalement l'Electricité, dépendant d'une ſorte d'agitation imprimée aux parties du verre, il eſt probable que ce mouvement n'a lieu & ne perſévere que quand la parois du verre que l'on frotte, ſe trouve entre deux airs d'une denſité à peu près égale : ſi ce mouvement étoit ſemblable à celui d'un reſſort qui fait des vibrations, comme il y a lieu de le croire, puiſque les corps les plus élaſtiques, ſont communément ceux qui s'électriſent le mieux par frottement, il ne devroit ſubſiſter que dans un milieu élaſtique, & d'une élasticité uniforme ou égale de toutes parts.

Ce qui donne quelque probabilité à cette conjecture, c'est que, suivant les expériences de M. du Fay, * le vaisseau de verre qui contient un air très-condensé, ne s'électrise guere davantage que celui dans lequel on a fait le vuide : l'Electricité ressemble en cela à la flamme, qui s'éteint également dans un air qui manque de ressort pour avoir été trop raréfié, & dans celui qui en a trop pour avoir été fortement chauffé, ou comprimé.

* Mém. de l'Ac. des Sc. année 1734. p. 357.

Mais parce que le globe ou le tube purgé d'air devient lumineux sans être électrique, sommes-nous obligés de conclure, que cette matiere qu'on voit briller dans le vaisseau où l'on a fait le vuide, est d'une nature différente de celle qui agit en dehors, quand le verre s'électrise ? c'est ce que je ne crois pas. Le même fluide peut se prêter à différentes modifications ; le vent & le son ne sont jamais qu'un air agité ; ces deux effets, comme l'on sait, dépendent uniquement de deux especes de mouvements, dont le même air est susceptible. Ces deux mouvements ne sont point incompatibles; mais ils vont bien l'un sans l'autre. Qui empêche donc que, sur cet exemple, on ne prenne une idée à peu près semblable de la matiere qu'on voit briller dans un globe de verre où l'on a fait le vuide ? Elle peut être lumineuse & électrique ; elle est souvent l'une & l'autre en même temps : mais comme elle peut être électrique sans luire, il est possible aussi qu'elle luise sans être électrique.

A quelqu'un qui s'obstineroit à distinguer comme deux especes différentes la matiere qui fait l'Electricité, & celle qu'on voit briller dans le vuide, je proposerois l'expérience suivante qui est très-belle.

Au lieu de frotter le tube ou le globe purgé d'air, approchez-le seulement d'un autre globe rempli d'air à l'ordinaire, qu'on électrise un peu fortement ; vous verrez aussi-tôt paroître dans votre vaisseau vuide les mêmes éclats de lumiere que vous avez coutume d'y voir quand vous le frottez.

On me dira peut-être que les émanations du globe électrisé, en frappant la surface extérieure du vaisseau vuide, suppléent au frottement, pour agiter les parties du verre & mettre par cette agitation la lumiere en mouvement. Mais n'est-il pas plus simple d'attribuer cette action au choc immédiat de la matiere électrique, *qui est capable de passer à travers les corps les plus compacts* [27], & qui s'enflamme visiblement dans mille autres occasions, que de supposer qu'elle ébranle les parties du verre, autant que pourroit le faire un frottement qui doit être, pour avoir son effet, beaucoup trop fort pour être suppléé par le simple choc des émanations électriques ?

ONZIEME FAIT.

Un globe de verre enduit de cire d'Espagne par dedans, & que l'on frotte, après l'avoir purgé d'air, devient lumineux intérieurement, comme celui du dixieme fait ; * mais *P. 209.* ce qu'il y a de plus remarquable, c'est qu'en regardant par un des poles (que l'on a soin de ne point enduire comme le refte ,) on apperçoit la main & les doigts de celui qui frotte , nonobftant l'opacité naturelle de la cire d'Efpagne.

EXPLICATION.

Quand on frotte dans l'obfcurité un tube ou un globe de verre , plein ou vuide d'air , on peut obferver que les endroits où la main eft appliquée font toujours lumineux plus ou moins ; mais cet effet eft bien plus remarquable , fi le vaiffeau qu'on frotte eft purgé d'air , apparemment parce que la matiere de la lumiere , qui eft alors dégagée de toute fubftance étrangere , fe met plus aifément en action ; la main & les doigts fe deffinent donc , & fe font appercevoir par la lueur que fait naître leur frottement.

Cette action plus libre , & pour ainfi dire , plus complette de la matiere lumineufe qui remplit le globe , fe communique apparemment à des parties femblables *qui rempliffent les pores de la cire d'Efpagne , comme ceux de tous les autres corps* [31] , & ces pores luifants qui font en très-grand

nombre , donnent quelque tranfpa-
rence à cet enduit , qui eft naturellement opaque ; à peu près comme
l'agathe , ou certains cailloux blancs
qu'on trouve communément aux
bords des rivieres , deviennent intérieurement très-lumineux , & comme tranfparents , lorfqu'on les heurte
l'un contre l'autre dans un lieu obfcur.

F I N.

POST-SCRIPTUM.

Fig 14
Experience de Leyde

POST-SCRIPTUM. *

DEPUIS que cet Ouvrage eſt ache-
vé d'imprimer, il m'eſt tombé entre les mains une Brochure qui a pour
titre, *Mémoire ſur l'Electricité ; à Paris, chez la Veuve David , rue Dauphi-
ne.* L'Auteur qui ne ſe nomme point,
& qui paroît être dans le deſſein de
faire une ſuite à ſon Ouvrage , annonce dans la Préface, *qu'il s'eſt ſouvent écarté de mon ſyſtême* d'explications : & je m'en ſuis bien apperçu
en liſant ſon Ecrit.

Sans doute qu'il a de ce ſyſtême,
(dont il eſt très-permis de s'écarter,)
une idée plus juſte & plus complette que celle qu'il a prétendu en
donner en trois lignes & demie de la
page ſeizieme ; & j'eſpere que quand
l'incompatibilité exigera qu'il com-
batte mon opinion pour établir la
ſienne, il voudra bien laiſſer à mes
penſées la juſte étendue qu'elles doivent avoir pour être intelligibles, ou

* On a laiſſé le Poſt-ſcriptum de la prem.
Edition dans celle-ci, à cauſe de l'Avertiſſe-
ment qui en fait mention ci-après.

T

renvoyer le Lecteur à cet Ouvrage que je publie : c'eſt une juſtice que j'ai lieu d'attendre d'un Auteur qui me prévient de politeſſe, & qui paroît moins occupé du ſoin de me critiquer, que du louable déſir d'éclaircir la vérité.

A la page trente-troiſieme on rapporte une expérience d'Otto de Guerike, & l'on demande, *comment j'accommode le fait dont il s'agit avec les rayons divergents répulſifs du corps électrique, & la matiere affluente du corps attiré.*

On trouvera réponſe à cette queſtion dans les explications des quatre premiers Faits de la premiere *III.* claſſe. * La même lecture apprendra *comment les corps légers échappent* preſque *toujours aux rayons divergents* * ; (car je n'ai pas dit, *toujours ſans exception :* & l'on verra quels ſont les cas où ils échappent.

Partie.

* *Mémoire ſur l'Électricité, page 17.*

EXAMEN

De quelques Phénomenes électriques publiés en Italie.

L'ELECTRICITÉ après avoir étonné succeffivement l'Angleterre, la France & l'Allemagne par une infinité de Phénomenes, dont la fingularité alloit toujours en augmentant, fembloit avoir choifi l'Italie comme un nouveau théatre fur lequel elle faifoit éclater d'autres merveilles. On avoit bien penfé ailleurs à tirer parti de cette nouvelle propriété des corps, pour le foulagement ou la guérifon des malades, mais les tentatives qu'on avoit faites à cet égard, n'avoient eu que des fuccès peu confidérables; ou bien les avantages réels qu'on en avoit tirés, étoient en très-petit nombre, avoient coûté beaucoup de peine & de temps, & n'avoient fait naître pour l'avenir que des efpérances bien reftreintes.

L'Italie plus heureufe que les autres pays, fembloit poffêder le fecret
d'électrifer falutairement & à coup
fûr. Des remedes appropriés à chaque maladie, & renfermés dans les
globes, ou dans les tubes de verre,
ne manquoient pas, difoit-on, de
paffer au-dehors, dès que le frottement avoit dilaté les pores du vaiffeau ; & la vertu Electrique fervant
de véhicule à ces exhalaifons médi-
cales, les faifoit pénétrer profon-
dément dans le corps du malade,
& les portoit infailliblement au fiege
du mal : les purgatifs paffoient de
même jufques dans les entrailles,
lorfqu'on fe faifoit électrifer en les
tenant dans fa main ; & par là on s'é-
pargnoit le dégoût qu'on a naturellement pour toutes ces potions défa-
gréables qu'on appelle *médecines*. Les
rhumatifmes goutteux, les fciati-
ques, les paralyfies, les enchilofes,
les tumeurs froides, &c. difparoif-
foient ou diminuoient confidérablement par une feule électrifation, ou
par deux ou trois feulement ; tantôt
avec un fimple cylindre de verre
frotté, tantôt avec un pareil vaif-

feau rempli de drogues convenables.

Ces faits fi importants , publiés par des gens d'un mérite reconnu , & atteftés par des témoins dignes de foi , nous furent annoncés il y a environ quatre ans par des lettres particulieres ; ils me furent confirmés depuis par des mémoires très-circonftanciés , & enfin le public en fut inftruit par la voie de l'impreffion. (*a*)

Ces intéreffantes nouvelles ne furent pas plutôt répandues , qu'on fe mit de toute part en devoir de répéter les expériences ; mais perfonne

(a) *Della Elettricita medica lettera del chiariffimo Signore Gio : Francefco Pivati Academico dell' Academia delle Scienze di Bologna , al celebre Signore Francefco Maria Zanotti Segretario della fteffa Academia.* in-8º imprimé à Lucques en 1747.

Offervazioni fizico-mediche intorno all' Elettricita dedicate all illuftriffimo ed Eccelfo Senato di Bologna , da Gio : Giufeppe Veratti pubblico Profeffore nella Univerfita nell' Academia delle Scienze dell' Inftituto Academico Benedittino. in-8º imprimé à Bologne en 1748.

Rifleffioni fiche fopra la medecina Elettrica dal Signore Gio : Francefco Pivati , Academico dell' Acad. delle Scienze di Bologna , &c. petit in-fol. à Venife en 1749.

Lettera del Signore Canonico Brigoli , fopra la machina elettrica. à Vérone 1748.

T 3

que je fache , ne vint à bout de faire
paffer les drogues à travers les pores
du verre électrifé , à moins que ce
ne foit M. Winkler , qui a dit , à ce
que l'on prétend , l'avoir fait à Leyp-
fick ; perfonne ne parvint à purger
quelqu'un par le creux de la main ;
perfonne ne fit évanouir les maladies
aiguës & invétérées , en deux ou trois
légeres électrifations. Je ne fus pas
plus heureux que les autres ; & je
rendis compte au public de mon in-
fortune & de mon étonnement , à
la fin de *mes Recherches fur les caufes
particulieres des Phén. Electr.* *

* V.
Difcours
P. 417.

Le défir inexprimable que j'avois
de voir des effets fi merveilleux par
eux-mêmes , & qui le devenoient
encore davantage par tous les efforts
inutiles qu'on avoit faits pour les
voir fe répéter hors de l'Italie , en-
tra pour beaucoup dans le deffein que
je formai, il y a dix-huit mois, de voya-
ger au-delà des Alpes.

Un féjour de deux mois & demi
que je fis dans le Piémont , me mit
à portée de voir fouvent M. Bianchi , célebre Médecin - Anatomifte
de Turin , & qu'on peut regarder

comme le premier Auteur des purgations électriques. J'obtins fort aisément de sa politesse & de sa complaisance, la grace que je lui demandai de répéter avec lui-même toutes ces expériences dont il m'avoit fait part dans ses Lettres & dans ses Mémoires : j'en ai tenu un Journal fort exact, qui a été vérifié à chaque fois par des témoins de nos opérations, que j'ai déposé dans les regiftres de l'Académie, & que je fupprime ici pour n'en donner que le réfultat.

Mais le croira-t-on? Ce réfultat fe réduit à dire que de trente perfonnes ou environ de différents fexes, de différents âges & de différents tempéraments que nous avons effayé de purger électriquement en diverfes fois, fous les yeux & la direction de M. Bianchi, & avec les drogues qu'il nous avoit choifies lui-même, à fon grand étonnement & au mien, perfonne ne le fut, fi l'on en excepte un garçon de cuifine qui nous avoua depuis qu'il avoit pris des bouillons de chicorée, pour une incommodité qu'il avoit alors ; & un autre jeune

T 4

domeſtique , dont le témoignage
nous devint plus que ſuſpect par les
extravagances dont il voulut l'en-
joliver.

Ces deux exceptions que je rapporte à deſſein , me rendirent très-
circonſpect ſur le choix des ſujets qui
ſervirent à nos expériences , & nous
expliquent aſſez bien pourquoi M.
Bianchi , après avoir tant purgé de
monde , n'en purgea plus lorſque
nous travaillâmes enſemble. Plein
de candeur & de bonne foi , il n'a
point ſoupçonné celle des autres ;
vraiſemblablement , il ne s'eſt pas tenu aſſez en garde contre l'imagination échauffée , ou l'amour du merveilleux qui domine preſque toujours les gens du peuple , & les va-
lets ſur qui il a fait la plupart de ſes
expériences.

Malgré l'amitié que j'ai pour cet
excellent Anatomiſte , & la haute
eſtime que j'ai conçue de ſon mérite , l'amour de la vérité ne me permet pas de diſſimuler qu'il y a quelque choſe de ſemblable à dire , par
rapport aux guériſons qui ſe trouvent enregiſtrées ſur ſon Journal ;

elles ont été pour le moins exagé-
rées. Je suis prêt à croire , & je sou-
haite qu'on le croie avec moi , que
c'eft la faute des malades ou des affiftants , qui prévenus peut-être par
un trop grand espoir , & possédés par
une espece d'enthoufiafme , en ont
fait écrire beaucoup plus qu'il n'y
en avoit ; que d'exemples n'auroit-
on point à citer de pareilles illu-
fions ! Mais quoi qu'il en foit , je ne
puis m'empêcher de croire , après
les recherches que j'en ai faites , que
la plupart des guérisons électriques
de Turin , n'ont été que des ombres
passageres qu'on a prifes avec un
peu trop de précipitation ou de com-
plaifance pour des réalités conftantes.

De Turin je passai à Venise , avec
le même défir de m'inftruire au fujet
de la tranfmiffion des odeurs , des
Intonacatures (a) & des guérisons ou
foulagements opérés presque fubitement par la vertu électrique. On me

(a) Les Italiens nomment *intonacatures* ces
enduits de baume ou d'autres drogues dont
M. Pivàti a imaginé de garnir la furface intérieure de fes globes ou cylindres électriques.

conduisit chez M. Pivati qui en étoit prévenu, & qui avoit convoqué une nombreuse assemblée. Après quelques expériences ordinaires qui avoient peine à réussir, parce qu'il faisoit fort chaud, & que les instruments n'étoient pas en trop bon état; occupé de mon objet, & pressé d'un désir qui alloit jusqu'à l'impatience, je demandai à voir transmettre les odeurs : mais quelle fut ma surprise & mes regrets lorsque M. Pivati me déclara nettement » qu'il ne l'entreprendroit pas ; que cela ne lui » avoit jamais réussi qu'une fois ou » deux, quoiqu'il eût fait, ajouta- » t-il, bien des tentatives depuis » pour revoir le même effet; que le » cylindre de verre dont il s'étoit ser- » vi pour cela, avoit péri, & qu'il » n'en avoit pas même gardé les » morceaux. «

Je ne fus pas plus satisfait au sujet de l'expérience des *Intonacatures* que je voulois vérifier, en pesant exactement le vaisseau devant & après pour voir si en effet la drogue renfermée s'exhaloit à travers les pores du vaisseau, au point de le rendre plus

léger, & de paroître très-amincie,
comme il eſt rapporté dans les ouvrages imprimés de M. Pivati, dont
j'ai fait mention ci-deſſus : on s'en
défendit, en diſant qu'il faiſoit trop
chaud, & qu'il y avoit trop de monde dans la chambre ; que l'électricité
ſeroit trop foible pour cela.

Il fut queſtion enſuite de guériſons,
& principalement de celle de l'E-
vêque de *Sebenico*, qui m'avoit paru
la plus éclatante & la plus ſinguliere.
M. Pivati convint » que le Prélat
» n'étoit pas guéri, & que quoiqu'il
» eût paru notablement ſoulagé lorſ-
» qu'on l'électriſa, tout le monde di-
» ſoit, (& cela étoit vrai,) qu'il
» étoit retombé dans ſon premier
» état. «

Je quittai M. Pivati, en lui diſant que je ſerois encore huit jours à
Veniſe, que je le ſuppliois inſtam-
ment de remettre en état ſes meilleurs cylindres, de faire de nouveaux
eſſais, & que s'il réuſſiſſoit à tranſmettre les odeurs, ou à faire exhaler
quelque drogue par les pores du verre
électriſé, il me feroit un plaiſir extrême de m'en rendre le témoin, &
que je publierois le fait par-tout où

je pourrois me faire entendre. Mr.
Pivati ne m'a rien fait dire pendant
le reste de mon séjour à Venise, d'où
j'ai compris qu'il n'avoit rien à me
faire voir.

Peu de temps après moi , M. Somis , Docteur en Médecine , en l'Uni-
versité de Turin , & fort instruit de
tout ce qui concerne l'Electricité ,
étant allé à Venise à dessein de vérifier aussi ce que l'on avoit publié
touchant les *Intonacatures* , se fit électriser plusieurs fois & en différents
jours chez M. Pivati ; premiérement
avec de la Scamonée qu'il tenoit dans
sa main , sans que ni lui ni ceux de sa
compagnie qui se prêterent à de pareilles épreuves , en ressentissent le
moindre effet. Secondement avec un
cylindre garni d'*opium* , par le moyen
duquel M. Pivati avoit dit confidem-
ment aux assistants , *qu'il alloit bientôt*
le faire dormir : M. Somis demeura
cependant fort éveillé , & ne s'ap-
perçut ensuite d'aucune affection so-
poreuse qu'il pût attribuer à cette
électrisation.

N'ayant donc rien pu voir par
moi-même de ce qui intéressoit ma

curiosité, je cherchai parmi les gens d'un certain poids, des témoins qui puffent me rendre d'une maniere bien circonstanciée ce qu'ils avoient vu chez M. Pivati ; je puis affurer (& je le dois fans doute, puifque je me fuis engagé à dire exactement tout ce que j'ai pu tirer de mes recherches à ce fujet,) que de toutes les perfonnes du pays qui ont été chez M. Pivati, pour s'instruire, *ex visu*, & que j'ai pu interroger, il ne s'en est trouvé qu'une qui m'ait certifié les faits pour les avoir vus ; c'étoit un Médecin, ami de M. Pivati, que je trouvai chez lui, & qui me dit l'avoir prefque toujours aidé dans fes expériences.

Lorfque je me trouvai à Bologne, je ne manquai pas de voir M. Vératti, dont les expériences publiées dans l'Ouvrage que j'ai cité ci-deffus, n'ont pas peu contribué à accréditer la Médecine électrique ; & véritablement elles ont dû produire cet effet ; car M. Vératti eft un favant Médecin ; c'est un homme fage, prudent, véridique & reconnu pour tel. L'extrême politeffe avec laquelle il me

reçut, me donna lieu de lui expofer avec confiance les doutes que j'a-
vois fur la tranfmiffion des odeurs,
fur les effets des *intonacatures*, fur
les purgations électriques, & fur les
guérifons prefque fubites.

M. Vératti me répondit, 1° » qu'il
» avoit fait plufieurs épreuves par le
» réfultat defquelles il lui fembloit
» que l'odeur de la térébenthine, celle
» du benjoin, s'étoit tranfmife du de-
» dans au dehors d'un vaiffeau cylin-
» drique de verre « femblable à celui
qu'il me montra, & qui ce jour là ne
nous fit rien fentir, quoique nous le
frottaffions fortement avec la main.

Sur ce que je lui repréfentai que
ce vaiffeau n'étoit bouché que par
des couvercles de bois affez minces,
& qu'on pouvoit ôter au befoin pour
faire entrer ou fortir les matieres
odorantes, & qu'il pourroit être arrivé que ces odeurs pouffées par la
chaleur, euffent paffé par les pores
du bois; il me répondit que cela
étoit poffible, & que, » quoique de
» fortes apparences l'euffent porté à
» croire la tranfmiffion des odeurs
» par les pores du verre, il avoit ce-
» pendant fufpendu fon jugement fur

» cet effet de même que fur les in-
» tonacatures, jufqu'à ce que de nou-
» velles épreuves faites avec plus de
» précautions, euffent diffipé tous fes
» doutes.

2° » Que par rapport aux purga-
» tions électriques, il y avoit dans fa
» maifon un valet & une fervante
» qui avoient été purgés par cette
» voie ; que ces deux perfonnes
» du moins avoient éprouvé après
» l'électrifation faite à la maniere de
» M. Bianchi, ce qu'on éprouve
» quand on a pris médecine; que cet
» effet n'ayant eu nulle autre caufe
» apparente que l'expérience qui
» avoit précédé, le grand nombre de
» faits de cette efpece arrivés à Tu-
» rin, l'avoit déterminé à croire que
» ce qui étoit arrivé à fes deux do-
» meftiques, étoit une fuite naturelle
» de cette électrifation ; qu'au refte
» il éprouveroit cela de nouveau fur
» un nombre fuffifant de perfonnes
» d'un autre état ; & que fi cette ma-
» niere de purger ne foutenoit pas
» l'idée qu'il avoit prife d'elle, il ré-
» formeroit avec franchife ce qu'il en
» avoit publié dans fon Ouvrage im-
» primé en 1748.

3° » Enfin M. Vératti m'affura que
» les dix guérifons rapportées dans
» le même Livre dont je viens de fai-
» re mention, s'étoient faites exacte-
» ment de la même maniere qu'elles
» y font décrites ; « & elles le font
avec beaucoup de fageffe, & avec
cette fimplicité qui annonce le vrai.
La 5ᵉ me fut racontée & certifiée
par le Religieux même qui en fut le
fujet, un jour que j'étois allé voir le
R. P. Trombelli, Abbé de la maifon où il eft.

Ces guérifons pour la plupart ne
font pas de celles qui me font tant de
peine à croire ; on voit au moins
qu'elles fe font faites avec progrès;
on y voit le mal fe défendre, pour
ainfi dire, contre le remede; ne céder
que peu à peu; & la nature ne paffe
pas comme fubitement d'un état à
l'autre tout à fait différent, par le
moyen d'une Electricité à peine fenfible. Je dis que ces guérifons ne me
font pas tant de peine à croire, parce
qu'il me paroît affez naturel, & je l'ai
dit il y a long-temps, (a) qu'un fluide
auffi

(a) Dans un Difcours lu à la rentrée de l'A-
cadémie des Sciences, après Pâques, 1746.

auſſi actif que la matiere électrique, &
qui pénetre dans nos corps avec tant
de facilité, y produiſe des changements en bien ou en mal.

Je n'ai rien appris dans les autres
villes d'Italie, qui n'ait encore beaucoup augmenté mes doutes ſur les
phénomenes de l'Electricité, que j'a-
vois entrepris de vérifier dans le
cours de mon voyage. Le P. la Tor-
re, Profeſſeur de Philoſophie à Naples, M. de la Garde, Directeur de
la Monnoie à Florence & fort occupé de ces ſortes de recherches, M.
Guadagni, Profeſſeur de Phyſique
expérimentale à Piſe, M. le Docteur Cornelio à Plaiſance, M. le
Marquis Maffei à Vérone, le P. Ga-
ro à Turin, tous avec des machines
bien montées & bien aſſorties, avec
la plus grande envie de réuſſir,
ont eſſayé maintes fois de tranſmettre
les odeurs & l'action des drogues
enfermées (mais ſoigneuſement)
dans des vaiſſeaux cylindriques ou
ſphériques de verre, en les électriſant; tous ont eſſayé de purger nombre de perſonnes : & ſelon le témoignage qu'ils m'en ont rendu, jamais

V.

ils n'en font venus à bout , ou le peu
de fuccès qu'ils ont eu , leur a paru
trop équivoque pour en tirer des con-
féquences conformes à ce que M. Pivati a cru voir dans fes expériences.

Je fuis donc comme certain maintenant de ce que je' commençois à
croire lorfque je fis imprimer mes
Recherches fur les caufes particulieres des
Phén. Elect. ★ Je fuis , dis-je , comme
certain que M. Pivati a été trompé
par quelque circonftance à laquelle
il n'aura pas fait attention. Ce qui
me le fait croire plus que jamais , c'eft
qu'il m'a avoué lui - même conformément à ce qu'il a écrit (*a*) , que cette
transfufion des odeurs & des drogues
à travers des vaiffeaux Electriques ,
ne s'eft manifeftée à lui qu'une fois
ou deux immédiatement , je veux
dire par une diminution fenfible du
volume , & par des émanations qu'on
pouvoit reconnoître par l'odorat.
Je fuis bien étonné qu'un fait auffi
peu conftaté ait donné lieu à tant

* IV. Difcours p. 332.

(a) *Un tale dileguamento fucceduto mi in un*
cilindro , non mi é poi fucceduto in altri ; de
quali mi fon fervito per varie guerigioni. Della
elett. medic. lettera. p. 28.

de conséquences. Car c'est sur cette prétendue transfusion , & avec un vaisseau de verre qui s'est trouvé *fendu d'un bout à l'autre* , comme M. Pivati le dit lui-même : (*a*) c'est, dis-je, sur ce fait qui , selon moi , est des plus douteux , qu'on a fondé tous les usages & tous les effets des *intona-catures* , dont on ne veut rien rabattre ; doit-on bâtir sur des fondements si peu solides ?

J'ai déjà cité plus haut plusieurs habiles Physiciens d'Italie qui ont essayé inutilement de répéter les expériences de M. Pivati, & qui n'ont aucune confiance en sa médecine électrique ; mais voici quelque chose de plus fort encore. Depuis un an il paroît à Venise même un Ouvrage par lequel on voit qu'une Compagnie de Savants , Médecins & autres , se sont unis pour répéter avec tout le soin

(*a*) *Si consumo la materia interna a segno che si riduffe , non oftante leffere quaſi Ermeticamente ferrato , alla fottigliezza di un dilicato foglio di carta , & come un capo morto ; che non tenea più odore , nè fapore ; e fino il vetro medefimo quaſi confunto ſi apri da ſe ſteſſo in più feſſure per lungo.*

V 2

imaginable, & en préfence de témoins, toutes les expériences qui
concernent la médecine électrique,
& fpécialement celles de M. Pivati,
tout y paroît conduit avec intelligence & fans partialité ; il eft dit même que plufieurs membres de cette
affemblée étoient prévenus ou en
faveur des *intonacatures*, ou en faveur de leurs auteurs, & malgré cela
tous les réfultats s'y trouvent oppofés
à ceux de MM. Pivati & Bianchi,
comme deux propofitions contra-
dictoires le font entr'elles, comme
le oui & le non. (*a*)

M. Pivati montre dans la con-
verfation, une bonne foi & un dé-
fintéreffement qui feroient bien capables de me toucher en faveur de
fon opinion ; mais parmi les faits
qu'il raffemble dans fes Ecrits pour
fortifier fes preuves, j'en trouve plufieurs qui ne font point affez d'honneur à fa délicateffe, & qui pourroient le rendre fufpect d'une trop

(*a*) Cet Ouvrage eft intitulé, *Seggio d'Ef-
perienze fopra la Medecina Elettrica.* J'entends
dire qu'on l'a traduit en Français, & qu'il s'imprime actuellement à Paris.

grande crédulité. Voudra-t-on croire avec lui, par exemple, que la vertu électrique soit capable de remettre en mouvement une montre qui est arrêtée, & de la régler quand elle seroit dérangée sans remede ? *La subita efficacia (dell' Elettricita) in dar giusto movimento alle mostre di orologio o ferme, o restie, o ritardanti senza remidio.* * Voudroit-on croire comme lui, sur la foi d'une lettre particuliere, dénuée d'autorité, & sans l'avoir éprouvé, qu'une once de mercure se soit évaporée entiérement par les pores d'un vaisseau de verre avec lequel on électrisoit un homme, qu'elle lui ait rendu la peau de la couleur du plomb, & qu'il s'en soit suivi une copieuse salivation ? * Ce fait, qu'on dit s'être passé à Naples, tout intéressant qu'il est, y a fait si peu de bruit, que je n'ai pu en avoir aucun indice pendant le séjour que j'ai fait dans cette ville, après l'impression du Livre où il est cité.

Voilà ce que j'ai pu apprendre touchant ces faits merveilleux qu'on a répandus dans toute l'Italie, & qui ont fait tant de bruit dans le reste de

* Rifflessioni fiziche sopra la Medecina Elettrica, p. 103.

* Ibid. p. 153.

l'Europe. Tout cela eſt parti de deux ou trois bouches, que je me garderai bien d'accuſer de menſonge : mais puiſque ces mêmes effets ſe ſont refuſés obſtinément à tant d'autres Phyſiciens dans le même pays & ailleurs; puiſque les perſonnes mêmes qui croient les avoir vus, ne les ont pas revus depuis, & ne ſont point en état de les faire voir aux autres, je me crois bien fondé à dire que ce ſont des erreurs involontaires, dont les plus honnêtes gens & les plus habiles ne ſont pas exempts.

En prononçant ainſi ſur les *intonacatures*, ſur leurs transfuſions, & ſur les purgations électriques, je déclare encore, comme je l'ai déjà fait en pluſieurs occaſions, que je ne déſeſpere point des bons effets que pourroit avoir l'Electricité pour la guériſon ou le ſoulagement des malades ; exact juſqu'au ſcrupule, quand j'examine la réalité des nouveaux faits, je ne préſume rien contre les poſſibilités : je crains que les ſuccès ne ſoient rares, & ne ſe faſſent attendre long-temps ; mais cette crainte, quand on l'auroit comme moi, ne doit pas prévaloir au point de tenir dans l'inaction ceux que leur état & des circonstances favorables ont mis à portée de suivre ces essais.

AVERTISSEMENT
Touchant les Critiques de cet Ouvrage.

LA pemiere Edition de mon *Effai fur l'Electricité des Corps*, a été attaquée par quatre perfonnes : 1° Par l'Auteur anonyme qui avoit donné lieu au *Pôft-fcriptun* de la p. 217, & qui environ deux ans après la publication de l'Ecrit qui avoit donné lieu à mes repréfentations, en publia un fecond fous ce titre : *Suite du premier Mémoire fur l'Electricité.* 2° Par M. Louis, Affocié à l'Académie Royale de Chirurgie, dans un Ouvrage intitulé, *Obfervations fur l'Electricité.* 3° Par M. Morin, Profeffeur de Philofophie au College Royal de Chartres, dans une Differtation qu'il publia fur l'Electricité. 4° Enfin par M. Bammacare, Profeffeur de Philofophie à Naples, dans un Ouvrage écrit en latin, & qui a pour titre : *Tentamen de vi Electrica.* Conformément à la promeffe que j'en avois

avois faite dans ma Préface, p. 16, j'ai répondu à toutes ces critiques au commencement de mes *Recherches sur les causes particulieres des Phénomenes Electriques* : mais comme en m'attaquant sur mes opinions, on s'étoit servi de termes assez durs & peu obligeants, je me suis permis dans mes réponses quelques expressions & certaines tournures dont je me serois abstenu si l'on m'avoit attaqué avec plus de politesse ; mais dont je n'ai pas cependant à rougir devant les honnêtes gens. Ce n'a été qu'à regret que j'en ai usé ainsi ; & pour n'être pas tenté d'écrire une autre fois sur le même ton, j'avois averti mes Critiques, s'ils vouloient avoir raison de moi, de ne me repliquer que sur le fond des choses, & de ne m'engager dans aucune nouvelle dispute, si elle n'étoit utile au progrès des Sciences, & dépouillée de toute aigreur : malgré cet avis, il a paru trois imprimés en forme de Lettres, ou j'ai trouvé plus d'injures que de raisons solides. Le premier étoit une Défense pour les deux Mémoires anonymes ; le second une

X

Réplique de M. Morin , & le troifieme , une Lettre de M. Louis.

Par un Ouvrage imprimé depuis
fix mois , * M. Boulanger nous apprend qu'il eft l'Auteur des deux Mémoires auxquels j'ai répondu , p. 5 &
fuiv. de mes *Recherches fur les caufes
particulieres* , &c. Si la Lettre qui a fui-
vi mes réponfes étoit aufli de lui , je
dois cette juftice à M. Boulanger ,
qu'en quittant l'*incognito*, il a pris un
ton plus réfervé & bien plus convenable à un homme de Lettres. Je vois
bien qu'il n'en a pas moins d'envie
de faire trouver ma Théorie mauvaife , tant qu'il la croit la mienne ; mais
fes efforts ne m'offrent rien de nouveau à combattre , & je lui paffe volontiers cette intention , en reconnoiffance de l'honneur qu'il m'a fait de me
citer plufieurs fois en bonne part , &
du fréquent ufage que je vois qu'il
a bien voulu faire de mes deux Ouvrages fur l'Electricité.

L'intérêt de la Phyfique m'engage
à dire ici deux mots à M. Louis.
Il parle ainfi dans fa Lettre , p. 6 : *Prêt à*

* Traité de la caufe des Phénomenes de
l'Electricité.

faire imprimer une réponse à votre critique , j'apprends de bonne part que je n'en
suis pas quitte pour ce que j'ai vu , & que
vous me traitez bien plus durement dans
un grand Ouvrage sur l'Electricité, que
vous avez actuellement sous presse ; cet
avis m'en a fait changer : j'attendrai cette
nouvelle attaque pour répliquer au fond
des difficultés que vous m'avez déjà pro-
posées , &c.

Afin que le Public ne soit point
privé plus long-temps de ces éclair-
cissements , qui sont tout préparés ,
& que je serois moi-même fort aise
de voir, je déclare ici à M. Louis ,
qu'on l'a mal informé de mes intentions ; je n'ai point eu dessein de
l'attaquer davantage sur le Livre qui a
donné lieu à ma première réponse :
j'ai prié ses amis de le lui dire il y a
bien dix-huit mois ; s'ils ne l'ont pas
fait , il voudra bien maintenant se le
tenir pour dit.

Par ces paroles de M. Louis que
je viens de citer , & par quelques
autres endroits de la même Lettre, où
il passe , dit-il , *condamnation sur tout ce*
que je voudrai, il est aisé de juger qu'il
n'y a rien qui touche notre dispute

littéraire : de quoi donc a-t-il rempli cet écrit qui a dix-neuf pages in-12 ? je vais le dire, puisque l'occasion s'en présente.

M. Louis se dispensant, ou différant au moins de me repliquer sur le fond des choses, essaie de me rendre odieux, & de faire compassion. *Il se plaint*, dit-il, *de moi à moi-même,* (& au public, bien entendu, puisque sa Lettre est imprimée :) & de quoi se plaint-il ? de ce que je l'ai *attaqué & critiqué*, & de ce que je l'ai fait *avec dureté & sans ménagement.*

Mais M. Louis n'y pense pas ; l'Ecrit dont il se plaint, n'est-il pas intitulé : *Réponses à quelques endroits d'un Livre publié par M. Louis*, &c. Ce livre existe-t-il, ou n'existe-t-il pas ? les textes que j'en ai extraits pour y répondre, ne sont-ils pas fidélement rapportés, & pris dans leur sens naturel ? Qui de nous deux est l'aggresseur ? & quant aux expressions, je les ai mesurées sur les siennes ; & si j'ai pris le ton un peu haut en certains endroits, qu'il me permette de le dire, c'est que j'ai re-

marqué dans fes décifions, un air de
fuffifance que d'autres que moi lui
ont déjà reproché plus d'une fois, &
qui ne quadroit pas bien avec la foi-
bleffe des raifons dont il vouloit appuyer fa doctrine.

En vain M. Louis s'imagine toucher fes Lecteurs, en difant *qu'il eft
jeune, & qu'il ne fait que commencer.* On
lui répondra que c'eft une raifon de
plus pour être modefte & circonf-
pect. On excufe un jeune homme
qui fe trompe, quand il ne fait que fe
tromper ; mais quand il prétend que
les autres s'égarent avec lui, & qu'il
fe mêle de blâmer ceux qui tiennent
un autre route, ne mérite-t-il pas
bien qu'on le réprime ?

M. Louis oppofe à la conduite
que j'ai tenue à fon égard, celle de
M. de Réaumur envers moi ; mais
quelle difparité ? M. Louis eft-il
mon éleve, comme je me fais gloire
d'être celui de M. de Réaumur ? Cet
excellent maître à qui je ne faurois
trop marquer ma reconnoiffance,
*m'a traité, dit-on, avec indulgence, m'a
donné des louanges lorfque je ne les
méritois pas encore, & ne m'a jamais*

X 3

découragé par des critiques. Mais comment auroit-il dû me traiter, si à peine initié en Physique, j'avois conçu la folle audace de m'ériger en Censeur de ses ouvrages ? voilà ce qu'il faudroit savoir. Devroit-on même lui faire un mérite de se laisser attaquer impunément, s'il avoit lieu de craindre que la vérité en dût souffrir ? je ne le crois pas ; & je trouve même dans ce modele, qu'on me remet devant les yeux, de quoi justifier abondamment mes réponses à M. Louis : que lui & ceux qui lui ont fourni ce grand argument contre moi, se donnent la peine de parcourir les Préfaces qui sont à la tête des *Mémoires pour servir à l'histoire des Insectes* ; ils verront si l'on peut s'appuyer de l'exemple de M. de Réaumur, pour prouver que j'ai eu tort de repousser les attaques de M. Louis.

M. Morin dans sa Réplique a bien l'air d'un homme fâché, non pas d'avoir attaqué, mais de ce qu'on lui a répondu. Devroit-il m'en vouloir tant, s'il faisoit attention qu'il est l'aggresseur, & que si ma réponse contient quelques plaifanteries , il y a donné lieu par les fiennes , que je n'ai pas manqué de lui remettre fous les yeux , pour le rappeller à des fentiments d'équité ?

Au refte , il ne paroît pas qu'il en foit touché au point d'abandonner les fonctions de Critique , pour lefquelles il a un goût décidé : *Accoutumé (dit - il) depuis long - temps à lire des fyftêmes , des hypothefes , des romans philofophiques , parmi lefquels l'Effai Nollétique n'occupe pas le dernier rang , je ne fuis. fcandalifé d'aucun Ecrit fur ces fortes de matieres ; je les lis tous ; & je me crois en droit de faire des remarques & les communiquer au Public , fauf aux parties adverfes d'ufer , de jouir du même droit ; je me fais honneur , ajoute-t-il , d'entrer en lice avec M. l'Abbé Nollet.*

Et moi je prends la liberté d'en fortir , avec la permiffion de M. Morin & celle du Public , à qui je vais dire mes raifons , afin de n'avoir pas l'air d'un homme battu ou de mauvaife humeur.

Pour difputer raifonnablement & d'une façon qui puiffe tourner au pro-

fit des Sciences , il faut premiérement s'entendre , enfuite fixer les objets de la difpute , & ne point paffer
d'une queftion à l'autre , quand il s'a-
git de réfoudre une difficulté : il faut
enfin montrer de part & d'autre une
bonne foi irréprochable , qui établiſ-
fe la confiance entre les parties bel-
ligérentes. Je crois que ces principes
font inconteftables. Or M. Morin
me parle un langage que je n'entends
pas : il change de thefe à tout propos
pos : il m'accufe de mauvaife foi ,
tandis que moi-même je crois avoir
pareil reproche à lui faire : ce n'eft
point affez de dire tout cela , je vais
le prouver par des paffages de fa Replique pris au hazard.

Par exemple , dans une de mes
réponfes j'avois repréfenté à M.
Morin que le mouvement de la rotation ne pouvoit pas être regardé
comme une caufe générale de l'E-
lectricité , puifqu'un tube , un morceau d'ambre , &c. s'électrife , lorfqu'on le frotte par un mouvement de
toute autre efpece. On peut voir par
le Chap. 7 , & par quantité d'autres
endroits de fon Livre , combien il

compte fur cette rotation , capable d'imprimer à tout ce qui l'environne une direction du centre à la circonférence. Voici fa replique.

La Rotation du Globe ne fuffit pas. (Mais eft-elle néceffaire ? voilà dequoi il s'agit :) *il faut encore le frottement pour fufciter l'athmofphere artificielle qui eft la premiere moffete , c'eft- à-dire , ce premier exhalé qui anime tous ceux des autres qui font plongés dans la fphere de fon activité, dans fon voifinage, non par effluence de ce premier , qui fe répandant comme un torrent de feu & furetant dans les porofités des métaux , va porter l'incendie , la mort ou des coups meurtriers dans le fein de deux cens perfonnes à la file ; mais qui communiquant fa vibration, fon ofcillation à l'exhalé naturel , à cette athmofphere hétérogene qui enveloppe tous les corps minéraux & végétaux , les rend moffétiques & agiffants les uns contre les autres , étendant fa propagation , fon incendie , fon ravage à des bornes proportionnées au reffort de l'air. C'eft en vain que M. l'Abbé Nollet demande d'où vient l'Electricité d'un tube , d'un morceau d'ambre , d'un bâton de cire d'Efpagne : il auroit pu demander*

celle d'un chat. Car on lui répond tout fimplement que c'eft le frottement qui détache
les parties infenfibles, anime le tranfpi-
rable, forme une athmofphere capable d'a-
gir fur l'exhalé des corps voifins, &c.

Voilà le ftyle ordinaire & perpétuel de M. Morin, & j'avoue fran-
chement qu'il eft pour moi d'une
obfcurité parfaite : ce peut être défaut d'intelligence ou de pénétration, mais ce n'eft pas mauvaife vo-
lonté de ma part ; j'avois tâché de le
deviner, on va voir combien j'ai peu
réuffi.

L'Auteur à qui j'ai affaire, me con-
teftant dans fa Differtation le double
courant de matiere Electrique que
j'ai appellé *effluence* & *affluence*, rai-
fonnoit ainfi : *Que le feu Elémentaire, la
matiere fubtile contribue comme caufe
efficiente & éloignée à l'accenfion, à la
fulguration des moffetes, comme il contribue à l'accenfion, à la fulguration de
notre feu ordinaire ; c'eft une vérité à laquelle perfonne ne s'oppofera ; mais cette
vérité n'établit en aucune façon l'affluence
& l'effluence de cette même matiere.*

A quoi je répondois : » Tout cela
» veut dire, à ce que je crois, (car

» je n'en suis pas bien sûr,) que j'ai
» eu tort de déduire l'effluence &
» l'affluence de la matiere Electrique,
» de ce que cette matiere est capable
» d'enflammer : je conviens qu'un
» raisonnement de cette espece ne
» feroit point honneur à ma Logi-
» que ; mais je défie, &c. «

M. Morin prétend que ce n'est
point là le sens de son objection ; &
vous allez voir avec quelle douceur
il me releve de cette méprise. *M.
l'Abbé Nollet n'a-t-il pas l'air de quelqu'un qui ne pouvant répondre, cherche
des subterfuges, fait des suppositions, prête gratuitement des intentions les plus
gauches à ses adversaires, le tout pour
détourner l'attention du Lecteur ? Non,
l'Adversaire se trompe : tout cela veut
dire bien clairement, bien formellement
que son feu élémentaire n'est point du tout
matiere Electrique : tout cela veut dire &
tout net, que la matiere éthérée n'est pas
plus le sujet des Phénomenes Electriques,
qu'elle est le bois & le charbon que nous
brûlons : tout cela signifie que son Ether
n'a pas plus de part à l'Electricité des
Corps, qu'il en a dans l'éruption des vol-
cans, l'inflammation de la poudre : tout*

cela *signifie* que *sa matiere affluente &*
effluente est une fable sans fondement ; que
son feu élémentaire contribue seulement,
comme cause efficiente éloignée, telle qu'elle
l'est de tout ce qui se passe dans l'Univers.
Ainsi tombe l'ennuyeux narré, les cap-
tieux détours de mon Adversaire ; mais
il faut connoître son langage & son style,
pour savoir apprécier ses expressions. Pas-
sons à un autre argument.

Me voilà bien payé de la peine
que j'ai prise d'étudier les pensées
de M. Morin , & des efforts que
j'ai faits pour les deviner. Que de
choses *signifiées* & que je n'ai point
senties , dans l'endroit de son Livre qui m'avoit paru le moins obfcur ! aussi m'en gronde-t-il de la
bonne maniere : & ce qu'il y a de
pis , c'est qu'après avoir lu & relu
avec toute l'attention possible son
interprétation que je viens de rapporter , je n'y vois encore que beaucoup d'aversion pour mon senti-
ment , aversion sur laquelle je n'ai
pas le moindre doute , & que je sup-
porte avec patience , sans y trouver
aucune raison solide qui puisse y servir de motif ; c'est pourtant ce que

j'y cherche avec le plus d'intérêt, car s'il y en avoit de ces raiſons que je redoute, elles pourroient faire paſſer la même averſion dans les eſprits raiſonnables, dont j'ambitionne beaucoup les ſuffrages.

Il réſulte de tout cela que je n'ai pas l'avantage d'entendre les Ecrits de M. Morin ; que ſon ſtyle n'eſt point à ma portée ; que je ne puis ni ne dois diſputer contre lui.

Cette raiſon n'eſt point la ſeule que j'aie pour prendre ce parti : ſoit que je lui parle un langage auſſi obſcur pour lui, que le ſien l'eſt pour moi, ſoit qu'il feigne de ne me point entendre, il ne répond preſque jamais à la queſtion dont il s'agit ; par là il ſe met dans des frais immenſes pour me prouver des choſes que je ne lui conteſte point : c'eſt ce qu'on peut dire, par exemple, du procès-verbal qu'il a rapporté à la page 13 de ſa Replique. Pourquoi raſſembler chez lui, de la ville & de la campagne, des perſonnes d'un caractere reſpectable, pour leur faire certifier *de viſu*, qu'un bâton de ſaule, garni à ſes extrêmités de quelque plante verte ou de quelque branche d'arbufte, a reçu l'Electricité d'un Cylindre de verre qu'on frottoit en le faifant tourner fur fon axe ; qu'on en a tiré des étincelles très-douloureufes ; qu'on s'en eft fervi pour répéter l'expérience de Leyde avec fuccès ; que plufieurs perfonnes placées fucceffivement fur un gâteau de poix qui n'avoit que deux lignes & demie d'épaiffeur, font devenues très-fenfiblement Electriques ; que la même chofe eft arrivée, quand, au lieu de ce gâteau, on s'eft fervi d'un paquet de rideaux de ferge rouge ; que quelques gouttes d'eau jettées fur le globe, tandis qu'on le frottoit, n'empêchèrent point qu'il ne fût électrique ; que le même globe ou cylindre frotté avec du cuir, avec du métal, avec du bois, &c. a donné des fignes d'Electricité, &c.

De bonne foi, Monfieur Morin, eft-ce là l'objet de notre difpute ? fi j'euffe été préfent à ces affemblées que vous avez convoquées, votre Livre à la main, je vous aurois fait voir, qu'en rapportant tous ces faits qui font vrais ou poffibles, quant au fond , vous les avez exagérés par des *tout autant* , par des *tout auſſi bien* dont vous avez uſé avec prodigalité. Ce n'eſt pas tout, vous vous êtes permis de critiquer , & en termes aſſez indécents , ceux qui s'y prenoient autrement que vous , pour porter l'Electricité à ſes plus grands effets ; & comme ſi j'euſſe été le ſeul à uſer des barres de fer , des gâteaux épais , des globes un peu gros & bien ſecs , &c. vous m'avez attaqué perſonnellement. Je vous ai répondu ſur *le plus & le moins* : j'ai juſtifié mes procédés par l'exemple des Phyſiciens les plus célebres & les plus expérimentés dans cette partie de la Phyſique ; & pour vous faire mieux ſentir ſur quoi portoient mes réponſes, j'ai eu ſoin de marquer par la différence du caractere les expreſſions dont j'avois à me plaindre. Je ſuis perſuadé que les honnêtes gens , de la ſignature deſquels vous avez abuſé , regretteroient d'avoir donné leur témoignage , s'ils ſavoient mieux l'état de notre querelle que vous leur avez déguiſé : j'oſe me flatter au moins qu'aux yeux d'un Lecteur judicieux & inſtruit , le

petit triomphe que vous vous êtes
préparé par l'appareil de votre procès-verbal , difparoîtra comme le fan-
tôme que vous avez combattu.

Dans le dernier Article de cette
piece juridique (qui n'eft cependant
revêtue d'aucune authenticité ,) il
eft dit qu'un tuyau de fer-blanc ayant
été électrifé en la place du bâton de
faule , les étincelles n'étoient ni
plus vives , ni plus piquantes , qu'au
contraire elles ont paru un peu plus
molaffes : cela voudroit donc dire ,
que le faule s'électrife plus fortement
que le fer : qui prouve trop , ne prouve rien. J'ajoute à cela , (& ceux
qui font au fait de la matiere m'en-
tendront bien ,) que pour tirer quelque avantage de cette expérience ,
il faut que M. Morin frotte lui-même le verre , lorfqu'il s'agit d'électrifer le bâton de faule ; & qu'il le
laiffe frotter pour le tuyau de fer
blanc , par quelqu'un qui n'ait point
intérêt de n'en voir fortir que des
étincelles *molaffes* : & quand il eft
queftion de décider fur des *plus* & des
moins , fur le *fort* ou le *foible* , ce n'eft
point affez que les témoins qui certi-
fient ,

tifient , foient véridiques & d'une probité reconnue , il eft néceffaire qu'ils foient connus pour ne rien ignorer de ce qui concerne l'affaire en queftion.

Quant aux infidélités que M. Morin me reproche , on en peut juger par le trait qui fuit : *L'adverfaire* , (dit-il en parlant de moi , page 40 de fa Replique) *finit par quelques remarques fur ma Differtation* , *& obferve* , *1° que parmi les plus curieufes expériences de mon Journal hiftorique* , *il voit qu'une mouche expofée aux étincelles électriques* , *a perdu la vie au troifieme coup.* Et puis il rapporte mes propres paroles que voici : » Quand je compare ces effets avec ceux que nous » voyons fur des moineaux , fur des » jeunes pigeons qui périffent prompt-» tement quand on les expofe à de » pareilles épreuves , l'Electricité de » Chartres me paroît affez foible , & » telle que je l'aurois attendue d'une » phiole de trois pouces de diame-» tre montée en guife de globe , &c. « Sur cela M. Morin crie au ridicu-le , à la mauvaife foi , & fe met en devoir de le prouver , en difant que

Y

je compare ici les effets de l'expérience de Leyde avec ceux d'une Électricité simple & ordinaire.

Si cela est, j'ai tort ; mais sur quoi cette imputation est-elle fondée ? Le voici : 1° Sur ce qu'à la page 132 de mon *Essai*, j'ai dit au sujet de l'expérience de Leyde, qu'en augmentant ses effets d'une certaine maniere, je les avois portés jusqu'au point de tuer des petits oiseaux. Comme si j'avois ajouté au même endroit, ou dit ailleurs, que l'Électricité ne peut être meurtriere que de cette façon. 2° Poursuit M. Morin, *parce qu'il est faux que les moineaux, les pigeons, exposés à de pareilles épreuves, (c'est-à-dire, à la simple Électricité) périssent jamais.*

Oui à Chartres, entre les mains de M. Morin, je le crois bien ; mais ils périssent communément à Paris, à Wittemberg, à Erford, à Florence, à Geneve, à Londres, &c. & généralement par-tout où l'on ne méprise point un *attirail électrique* mieux composé que celui du Professeur de Chartres : c'est une vérité qu'on n'est point pardonnable d'ignorer, quand

on se mêle d'Electricité pour critiquer les autres, & que l'on est en
correspondance avec l'Académie.
Car cette Compagnie qui communique volontiers ses connoissances,
en est instruite depuis plus de deux
ans, non-seulement par le compte
que je lui ai rendu de mes propres
expériences, mais encore par des
Lettres de M. Boze, de M. Wat-
son, du P. Gordon, &c. desquelles
je suis dépositaire.

Il n'y a donc, comme l'on voit,
ni ridicule ni mauvaise foi dans ma
comparaison, puisqu'elle ne comprend que des objets d'especes semblables. L'Electricité simple ne tue
que des mouches à Chartres ; l'Electricité simple tue ailleurs des moineaux, des pigeons, des poulets,
des poissons. Ai-je tort de conclure
que l'Electricité de Chartres est plus
foible que celle des autres endroits
où l'on se sert de globes d'une certaine grandeur, de chaînes & de
barres de fer, de gâteaux épais, &c.
Suis-je donc ridicule & de mauvaise
foi ?

Mais M. Morin, à qui de pareils

reproches coûtent ſi peu, ne les mé-
riteroit-il pas à plus juſte titre ? Le
Lecteur en pourra juger par cet endroit de ſa Replique, p. 34, où il
va, dit-il, *me ſuivre pas à pas dans ma*
réponſe.

On lit d'abord ces paroles tirées
de la Diſſertation de M. Morin : *Si*
l'on voit les plumes, les feuilles d'or,
d'argent s'élancer vers le globe, cela
ne vient que de la réſiſtance de l'air : à
quoi M. l'Abbé Nollet répond, continue
l'Auteur de la Replique : » S'il ne faut
» que cela pour nous mettre d'ac-
» cord, je conviendrai volontiers
» avec M. Morin que l'air pouſſe une
» feuille d'or vers le tube électrique. «
Et puis la Replique reprend ainſi : *Oui,*
l'Adverſaire conviendra que l'air pouſſe
les feuilles métalliques vers le globe, com-
me vers un lieu vuide ſans réſiſtance, &c.

Ne croiroit-on pas maintenant que
je ſuis bien ſérieuſement d'accord
avec M. Morin ſur la part que l'air
peut avoir dans ces effets ? Mais vou-
lez-vous ſavoir au juſte la valeur de
cet aveu qu'on me prête ſi libéralement, remontez aux ſources, jettez
les yeux ſur la Diſſertation de mon

Critique, ou sur la Réponse que je lui ai faite ; au lieu de ces textes qui sont misérablement tronqués dans la Replique, vous lirez de la part de M. Morin : *Si l'on voit les plumes, les feuilles d'or ou d'argent s'élancer vers le globe, cela ne vient que de la résistance de l'air, que la rotation & le frottement compriment & écartent, à peu près comme le fer se précipite vers l'aimant ;* & de ma part vous trouverez ce qui suit :

» S'il ne faut que cela pour nous met-
» tre d'accord, je conviendrai volon-
» tiers avec M. Morin que l'air pousse
» une feuille d'or vers le globe élec-
» trique, *comme il porte un morceau de*
» *fer vers l'aimant ;* l'un me paroît aussi
» vrai que l'autre : mais je ne lui ré-
» ponds pas que cet aveu de ma part
» lui donne gain de cause vis-à-vis
» des Physiciens, touchant l'expli-
» cation des Phénomenes Electri-
» ques ; car il n'y a pas jusqu'aux éco-
» liers qui ne se donnent les airs aujour-
» d'hui de refuser à l'action de l'air
» toutes les fonctions qu'on avoit
» essayé de lui attribuer dans le Ma-
» gnétisme. «

Après ce petit éclaicissement, je

ne fais fi je me trompe ; mais il me femble qu'il eft *ridicule* à M. Morin de vouloir tirer avantage d'un tel aveu, s'il eft rapporté en fon entier ; ou qu'il n'y a pas de *bonne foi* à le tronquer, pour n'en montrer que ce qui pourroit paroître favorable à fes prétentions.

Voilà les raifons que j'ai pour ne vouloir plus avoir affaire avec M. Morin, & pour le laiffer déformais me critiquer tout à fon aife : fi le Lecteur en a été ennuyé, je le prie de vouloir bien me le pardonner pour la derniere fois.

M. Bammacare ne m'a fait aucune replique ; mais j'ai eu l'avantage de le voir très-fouvent lorfque j'étois à Naples, & nos différents fe font terminés à l'amiable : j'ai reconnu, mais trop tard, qu'il n'eft pas toujours vrai que l'Auteur fe peigne dans fes Ecrits : s'il y a quelques expreffions un peu dures dans la critique de M. Bammacare, je dois dire, pour lui rendre juftice, qu'elles ne viennent point de fon caractere ; il n'y a pas dans le monde, un homme plus doux, plus complaifant & plus poli que ce savant Professeur : je voudrois de tout mon cœur retenir la réponse que je lui ai faite ; en conservant le fond des choses que je dois à la vérité, je changerois de style, & je laisserois guider ma plume par l'amitié réciproque qui nous unit maintenant.

F I N.

TABLE
DES MATIERES
Contenues dans ce Volume.

Globe

SECONDE PARTIE.

Z

électrifé comme d'une fource qui le lance
de toutes parts ; ou bien va-t-il à lui comme à un terme où il tend de tous côtés ;
ou bien enfin le même rayon de cette matiere part-il du corps électrique pour y revenir auffi-tôt ?   75

X. QUEST. Les endroits par lefquels la matiere électrique s'élance du corps électrifé, font-ils en auffi grand nombre que ceux
par lefquels rentre celle qui vient des corps
environnants ?   81

XI. QUEST. Chaque pore du corps électrifé
par où la matiere électrique s'élance , ne
fournit-il qu'un rayon ; ou ce rayon fe di-
vife-t-il en plufieurs ?   ibid.

XII. QUEST. La matiere électrique qui porte fes impreffions à plufieurs pieds de diftan-

Fin de la Table des Matieres.

EXTRAIT des Regiſtres de l'Académie Royale des Sciences.

Du 20 Août 1746.

Monſieur DE REAUMUR & moi qui avions été nommés pour examiner un Ouvrage de M. L'ABBÉ NOLLET, intitulé *Eſſai ſur l'Electricité des Corps*, en ayant fait notre rapport, l'Académie a jugé cet Ouvrage digne de l'impreſſion : en foi de quoi j'ai ſigné le préſent Certificat. A Paris ce 20 août 1746.

GRANDJEAN DE FOUCHY, *Secretaire perpétuel de l'Acad. Royale des Scienc.*

PRIVILEGE DU ROI.

LOUIS, par la grace de Dieu, Roi de France & de Navarre : A nos amés & féaux Conſeillers, les Gens tenants nos Cours de Parlement, Maîtres des Requêtes ordinaires de notre Hôtel, grand Conſeil, Prévôt de Paris, Baillifs, Sénéchaux, leurs Lieutenants Civils, & autres nos Juſticiers qu'il appartiendra, SALUT. Notre ACADÉMIE ROYALE DES SCIENCES nous a très-humblement fait expoſer, que depuis qu'il nous a plu lui donner par un Réglement nouveau, de nouvelles marques de notre affection, elle s'eſt appliquée avec plus de ſoin à cultiver les Sciences qui font l'objet de ſes exercices ; enſorte qu'outre les Ouvrages qu'elle a déjà donnés au Public, elle ſeroit en état d'en produire encore d'autres, s'il nous plai-

A a

foit lui accorder de nouvelles Lettres de Privilege, attendu que celles que nous lui avons
accordées en date du six Avril 1693 , n'ayant
point eu de temps limité, ont été déclarées nul-
les par un Arrét de notre Conseil d'Etat du 13
Août 1704 ; celles de 1713 & celles de 1717
étant aussi expirées, & désirant donner a notredite Académie en corps, & en particulier à
chacun de ceux qui la composent, toutes les
facilités & les moyens qui peuvent contribuer
à rendre leurs travaux utiles au Public , nous
avons permis & permettons par ces présentes
à notredite Académie, de faire, vendre ou débiter dans tous les lieux de notre obéissance ,
par tel Imprimeur ou Libraire qu'elle voudra
choisir, *Toutes les Recherches ou Observations*
journalieres , ou Relations annuelles de tout ce
qui aura été fait dans les Assemblées de notredite
Académie Royale des Sciences ; comme aussi
les Ouvrages , Mémoires , ou Traités de chacun
des Particuliers qui la composent , & générale-
ment tout ce que ladite Académie voudra faire
paroître , après avoir fait examiner lesdits Ou-
vrages , & jugé qu'ils sont dignes de l'impression,
& cependant le temps & espace de quinze années consécutives à compter du jour de la date
desdites Présentes. Faisons défenses à toutes
sortes de personnes de quelque qualité & condition qu'elles soient, d'en introduire d'impression étrangere dans aucun lieu de notre obéissance : comme aussi à tous Imprimeurs, Libraires & autres, d'imprimer, faire imprimer,
vendre, faire vendre, débiter ni contrefaire
aucun desdits Ouvrages ci-dessus spécifiés, en
tout ni en partie, ni d'en faire aucuns extraits,
sous quelque prétexte que ce soit d'augmentation , correction , changement de titre,

fouilles même féparées, ou autrement, fans la permiffion expreffe & par écrit de notredite Académie, ou de ceux qui auront droit d'elle, & fes ayants caufe, à peine de confifcation des exemplaires contrefaits, de dix mille livres d'amende contre chacun des Contrevenants, dont un tiers à nous, un tiers à l'Hôtel-Dieu de Paris, l'autre tiers au Dénonciateur, & de tous dépens dommages & intérêts : à la charge que ces Préfentes feront enregiftrées tout au long fur le Regiftre de la Communauté des Imprimeurs & Libraires de Paris, dans trois mois de la date d'icelles ; que l'impreffion defdits Ouvrages fera fait dans notre Royaume, & non ailleurs, & que notredite Académie fe conformera en tout aux Réglements de la Librairie, & notamment à celui du 10 Avril 1723, & qu'avant de les expofer en vente, les Manufcrits ou Imprimés qui auront fervi de copie à l'impreffion defdits ouvrages, feront remis dans le même état, avec les Approbations & les Certificats qui en auront été donnés, ès mains de notre très-cher & féal Chevalier Garde des Sceaux de France, le fieur Chauvelin : & qu'il en fera enfuite remis deux Exemplaires de chacun dans notre Bibliotheque publique, un dans celle de notre Château du Louvre, & un dans celle de notre très-cher & féal Chevalier Garde des Sceaux de France, le fieur Chauvelin, le tout à peine de nullité des Préfentes : du contenu defquelles vous mandons & enjoignons de faire jouir notredite Académie, ou ceux qui auront droit d'elle & fes ayants caufe, pleinement & paifiblement, fans fouffrir qu'il leur foit fait aucun trouble ou empéchement : Voulons que la Copie defdites

276

Préfentes, qui fera imprimée tout au long au commencement ou à la fin defdits Ouvrages, foit tenue pour duement fignifiée, & qu'aux Copies collationnées par l'un de nos amés & féaux Confeillers & Secrétaires, foi foit ajoutée comme à l'Original. Commandons au premier notre Huiffier, ou Sergent de faire pour l'exécution d'icelles tous actes requis & néceffaires, fans demander autre permiffion, & nonobftant clameur de Haro, Charte Normande, & Lettres à ce contraires : Car tel eft notre plaifir. Donné à Fontaine-Bleau le douzieme jour du mois de Novembre, l'an de grace mil fept cent trente-quatre, & de notre Regne le vingtieme. Par le Roi en fon Confeil,

Signé, SAINSON.

Regiftré fur le Regiftre VIII. de la Chambre Royale & Syndicale des Libraires & Imprimeurs de Paris, num. 792 fol. 775, conformément aux Réglements de 1723, qui font défenfes à toutes perfonnes de quelque qualité & condition qu'elles foient, autres que les Libraires & Imprimeurs, de vendre, débiter & faire diftribuer aucuns Livres pour les vendre en leurs noms, foit qu'ils s'en difent les Auteurs ou autrement ; à la charge de fournir les exemplaires prefcrits par l'article CVIII. du même Réglement. A Paris le 15 Novembre 1734. G. MARTIN, Syndic.

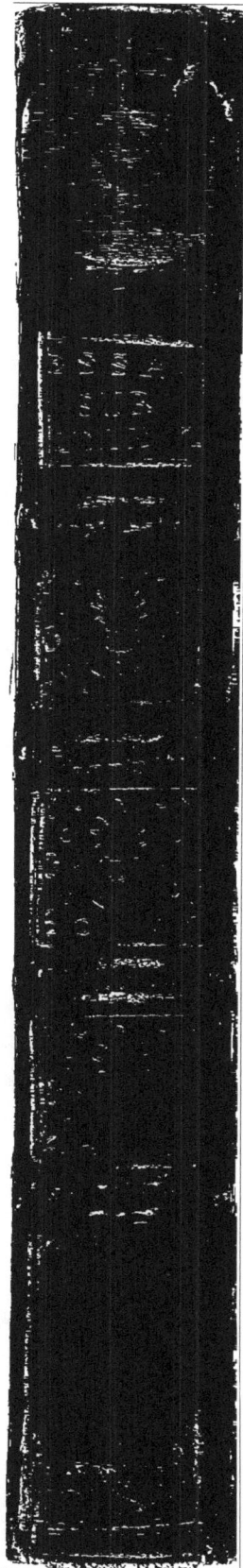

www.ingramcontent.com/pod-product-compliance
Lightning Source LLC
Chambersburg PA
CBHW060414200326
41518CB00009B/1347